和食はなぜ美味しい　日本列島の贈りもの

U0241493

四季和食

[日] 巽好幸 著

刘晓慧 译

一个地质学家的美食探秘

三联书店

WASHOKU WA NAZE OISHII
by Yoshiyuki Tatsumi
illustrations by Kaoru Iiboshi
© 2014 by Yoshiyuki Tatsumi
First published 2014 by Iwanami Shoten, Publishers, Tokyo.
This simplified Chinese edition published 2018
by SDX Joint Publishing Co., Ltd., Beijing
by arrangement with the proprietor c/o Iwanami Shoten, Publishers, Tokyo

图书在版编目（CIP）数据

四季和食：一个地质学家的美食探秘／（日）巽好幸著；
刘晓慧译. —北京：生活·读书·新知三联书店，2018.6
ISBN 978 – 7 – 108 – 06333 – 5

Ⅰ．①四…　Ⅱ．①巽…　②刘…　Ⅲ．①饮食 – 文化 – 日本
Ⅳ．① TS971.203.13

中国版本图书馆 CIP 数据核字（2018）第 112265 号

责任编辑　黄新萍
装帧设计　薛　宇
责任印制　徐　方
出版发行　**生活·讀書·新知** 三联书店
　　　　　（北京市东城区美术馆东街 22 号　100010）
网　　址　www.sdxjpc.com
图　　字　01-2017-6121
经　　销　新华书店
印　　刷　河北鹏润印刷有限公司
版　　次　2018 年 6 月北京第 1 版
　　　　　2018 年 6 月北京第 1 次印刷
开　　本　880 毫米×1230 毫米　1/32　印张 7.25
字　　数　115 千字　图 51 幅
印　　数　0,001 – 6,000 册
定　　价　36.00 元
（印装查询：01064002715；邮购查询：01084010542）

四季和食
——一个地质学家的美食探秘

目录

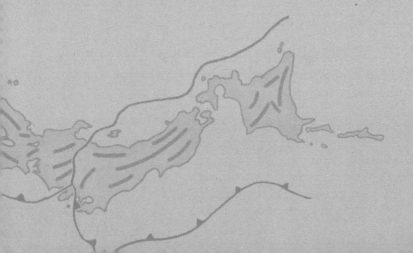

序言

我正在享用自己喜爱的红叶鲷火锅时，接到了外甥女的电话。在东京一家大饭店礼宾部工作的外甥女说可能年初要调到大阪工作，所以必须了解关西地区❶的各种美食，希望我带着她去品尝关西的四季时鲜料理。

外甥女提出这个要求，或许是因为她很小的时候来我家玩，我会亲手给她做那个季节最好吃的菜，她大一些后，我还会带她去我常去的饭馆儿。在她眼里，我可能就是"对美食无所不知的舅舅"。尽管也有点儿"被利用"的感觉，但我对外甥女的执拗请求并不反感，便一口答应了下来。

和外甥女周游各地、尽享佳肴后，或许是外甥女认为大学老师就该精通一切，每一次吃饭时，从当天料理所用

---

❶ 日本本州中西部的一个以大阪、京都、神户为中心的地理区域。——译者注
后文脚注文字，如无标注，均为译者注。

的食材，到如何烹饪再到怎么个吃法等，外甥女都会问个不停。

在这样的"追捧"下，我也就有点儿以知识渊博自居了，甚至聊了很多关于这些食材赖以生长的日本列岛的自然条件。不过，我本人就是岩浆学者，我的工作就是倾听岩浆和岩浆冷却后变成的石头的轻声微语，研究46亿年前诞生的地球是如何一步步变成今天的样子的，而日本列岛又为何拥有如此众多火山和地震的"活动带"（又称造山带）等问题的。

"当知道食材背后的自然造化后，食材就变得更加有味道啦！"

这句话即便是外甥女的恭维，仍会令我高兴，也颇符合我的感受。已经被列入联合国教科文组织"人类非物质文化遗产"并名扬世界的"和食"，即日本料理，正是生活在"活动带"上的日本人创造出的饮食文化！

日本列岛带给我们地震、火山爆发等无穷无尽的磨难，我们也将继续接受这一命运。但是，我们也从中得到了数不胜数的恩赐，其中之一就是"和食"。

在品尝日本四季的美酒佳肴之际，如果能对孕育出这些美味的日本列岛的地理、地质有所了解，或许感受到的味道会更加丰富。抱着将这种乐趣传递给更多人的想法，我记录下了与外甥女在 2013—2014 年的美食之旅。

那么，让我们开始这段奇异的旅程吧。

1月

熬 点

——出汁源于青山秀水的恩惠

出汁清澄透亮的秘密

一到冷得透心凉的季节，就留恋起熬点来。最初的美
食之旅自然就从京都木屋町的熬点店开始吧。当然，我也
是有预谋的。我想让在东京长大的外甥女知道还有可以"喝
掉"出汁❶的熬点。

"唉？！这里的熬点颜色怎么这么淡啊！"看到在关西
人看来更适合称"关东煮"❷的熬点的瞬间，外甥女似乎很
震惊。关西的熬点汁居然是透明的！其实，透明的理由很
简单，是因为没有用浓口酱油，而只使用了一点淡口酱油，
如果再加佐料也就是用手指尖撮上一点盐。即使这样，不！
应该说正因为这样，海带和木鱼花❸熬制的出汁才酝酿出了
美妙绝伦的鲜味。

"就算是这样，这个白萝卜……颜色这么淡，味道却
这么好！"

❶ 相当于中国菜里的高汤，但出汁一般是用海带、香菇、木鱼花、鱼干
    等熬制而成，是日本料理的基础。

❷ 关西曾一直将熬点称为"关东煮"，而熬点是味噌田乐，即裹上酱汁
    再串烤的豆腐、芋头等。

❸ 木鱼花：将鲣鱼腹部后方的鱼肉加工制造而成的鱼干，然后将鱼干刨
    成一片一片的食品。

和食最大的特征之一就是以出汁的鲜味为基础。

　　看来在东京见不到的淡淡金黄色的白萝卜很受外甥女喜爱。外甥女觉得把出汁和萝卜一起放在碟中稍微凉一下，出汁的鲜味会渗到萝卜中，萝卜就更加鲜美了。一语中的。的确，出汁的鲜味渗入萝卜是只有在萝卜变凉后才会出现的现象。另外，煎豆泡❶也是可与出汁在舌尖上实现完美结合的一品美食。不知不觉，我们已经沉浸到熬点之中了。

　　"真想知道好吃的出汁是如何炖出来的啊！"

　　在割烹❷里，好像是主厨（日文叫"大将"）凭着自己的感觉和想法用各种方法调制熬点的出汁。一般家庭也可以做出来。从理论上讲，出汁的科学调制方法是这样的：

　　先用稍微湿润的厨房纸巾轻轻擦去干海带表面的污垢和灰尘，再将海带放入水中（尽量用属于软水的天然水，理由后述）用中火加热。在刚好手指无法伸入时，保持这个温度（大约 60 摄氏度）大约一个小时。这一条件最适

---

❶　日语发音为Hirousu或Ganmodoki，汉字为"飞龙头"，将豆腐碾碎，加上胡萝卜、藕、牛蒡等过油煎炸而成。

❷　指传统的日式餐厅，这些餐厅在日本随处可见且档次不一，一般都有开放式的厨房，除了店内餐桌，围着主厨的料理台还有一圈类似吧台的桌子和椅子，可以让食客们在用餐的同时欣赏到厨师的烹饪技艺，有时也是主客间交流聊天的地方，本书作者多次提到"割烹"。

于提炼出海带的鲜味。接着放入木鱼花继续加热，但不能让出汁沸腾。如果沸腾了就会出鱼腥味而使出汁前功尽弃。然后将出汁倒入垫有厨房纸巾的网眼过滤器简单过滤一遍。只需要完成上面几个步骤，就可以很好地炖出食材的鲜味，得到沁人心脾的珍珠般透亮的出汁。

"为什么出汁会这么鲜美呢？"

外甥女当然会这么问啦，而出汁的鲜美当然也是有科学根据的。

什么是"鲜"（UMAMI）？

和食最大的特征之一就是以出汁的鲜味为基础。的确，诸如 stock（英语圈国家的肉汁清汤）、bouillon（法国牛肉清汤）、brodo（意大利语圈的肉清汤）等西方的出汁和被称为荤汤的中国菜的出汁味道也十分不错，但这些大多脂肪较多且味道浓厚。相比而言，日本的出汁尽管清淡爽口、卡路里较低，但其鲜味却毫不比其他国家的出汁逊色。

外甥女好像对我使用"鲜"这个字不太认可。

"既然是科学家，就不应该用这种凭感觉而言的模棱

"鲜"作为第五种味觉形态已被广泛认可。

两可的表述吧？"

本来想进行反驳，跟外甥女强调科学工作者最为重要的资源之一就是"感性"，但这样一来话就离题了。不过，有一句话是必须要说清的，鲜味（umami）与"美味"（好吃）这一凭借感觉的表达截然不同，它是极具科学性的用语。

我们人类五种感觉之一的"味觉"原本就是生物所必不可少的感觉。自古以来，主要通过舌头进行感知的味觉一般包括酸、甜、苦、辣这四种。舌头味觉细胞中的感受器负责识别出与这四种味觉相对应的成分（如甜味时的葡萄糖）。而鲜味的组成成分则是由日本科学家在和食的食材中发现的，如池田菊苗从海带中发现了谷氨酸、小玉新太郎从木鱼花中发现了肌甙酸、国中晃从香菇中发现了鸟甙酸等。长期以来，对这些食材不熟悉的西方人很难接受这一点，但是从 20 世纪末到 21 世纪初，随着在人体味觉细胞中发现了谷氨酸的感受器，"鲜"作为一种基本味觉形态开始被广泛认可。当然，这第五种味觉并没有相对应的英文单词，很多情况下英语就用鲜味的日语发音"umami"来表述。

出汁与软水——和食的基本

在和食中，出汁的代表性食材海带和木鱼花中含有大量其他食材难以媲美的鲜味成分。比如，海带中含有的谷氨酸是西式出汁常用的洋葱、胡萝卜的谷氨酸含量的10倍，木鱼花削片中的肌苷酸则是鸡肉、猪肉和牛肉的数倍。而且已有实验证明：比起单独使用，海带与木鱼花组合在一起时鲜味的感觉会更加强烈。

我也向外甥女提了一个问题，为什么在日本出汁中少有西方和中国常用的兽肉？"这应该是日本人对兽肉食品存在某种消极性认知所致。6世纪中期，从百济传来佛教，受其教义影响，人们开始对兽肉敬而远之了。"外甥女露出了得意的神情，还开始告诉我我所不知道的知识。"好像《日本书纪》记载，天武天皇从佛教的角度禁止使用陷阱和长矛进行狩猎。"不愧是儿时就酷爱历史的孩子啊！

外甥女的回答没有错，而且很多美食专家也会做出同样的回答。但我在赞同这种日本人精神论的同时，更想强调一点：是日本列岛的大自然特性创造出了和式出汁。

众所周知，日本从旧石器时代、绳文时代开始就已经有食用猪肉和鹿肉的习惯，而且不难想象也像食用鱼时一样炖着吃。但没能延续下来是有其原因的，一定是因为这种出汁实在是肉腥味太重了。当然西方人也会觉得很腥，所以他们会细致地去除肉或血液中的腥味成分（脂肪酸或蛋白质），也就是"撇沫子"。"沫子"是肉腥成分和水中的钙结合在一起产生的。也就是说，如果水中含有丰富的钙，肉腥成分会作为"沫子"被有效去除，从而成就美味出汁。但如果水中含钙少，肉腥味则很难去净，所以我认为日本没能延续用兽肉做出汁这一习惯的主要原因在于水质不同。

请看图 1-1。这张图把日本的自来水、天然水和矿泉水与其他各国的水质"硬度"做了比较。水硬度是水中钙、镁离子含量的数值，数值高是硬水，数值低则为软水。和欧洲大陆相比，日本列岛的水明显是软水。如果使用巴黎的自来水或依云（Evian），则可以有效地去除炖肉产生的浮沫，而日本水就没那么理想了。

更重要的是，使用软水可以有效地提炼出海带中的"鲜"的成分。可能大家都知道，如果使用硬水，水中的钙和海带中的谷氨酸将产生反应，在海带表面生成沉淀物。这样一来，海带的吸水性会下降，"鲜"的成分也就很难溶于水中。

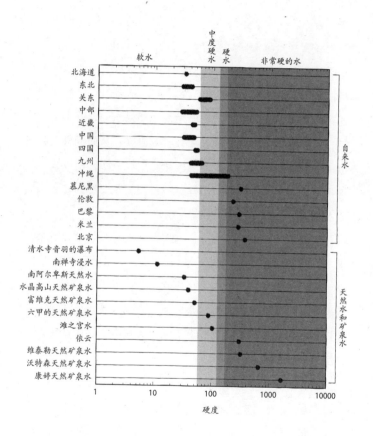

图 1-1　日本与各国的自来水、天然水、矿泉水的硬度
　　日本的水是软水，大陆的水多为硬水，而京都的清水寺音羽的瀑布和
南禅寺浸水则是超软水

> 存在含有丰富钙、镁离子的岩石，如充满石灰岩的流域，水的硬度自然会上升。
> 还有一个决定水硬度的因素，就是水流冲刷地表的时间。

外甥女接过话说："我听说，京都的老铺料亭在东京开分店时，无论怎么做都无法复原出京都的出汁味道，无奈之下只好从京都运水到东京。其原因就是水的硬度不同。"京都的水，特别是地下水或涌水都是超软水，而关东的水质相对较硬（图 1-1）。

"那为什么大陆的水质硬，而日本列岛的水质软呢？"外甥女想起在欧洲酒店房间内放置的水壶里的水碱。

本来水中的钙、镁离子就是河水流淌时从地表的岩石带入水中的物质。换句话说，存在含有丰富钙、镁离子的岩石，如充满石灰岩的流域，水的硬度自然会上升。巴黎盆地周边或地中海沿岸地区就分布着广阔的石灰质地层和岩石。另外，还有一个决定水硬度的因素，就是水流冲刷地表的时间。流速缓慢的江河，因其水和岩石的反应时间较长，可以获得更多的钙、镁离子，最终形成硬水。而决定江河流速的则是"河床斜度"，就是河床底部的倾斜程度（图 1-2）。日本列岛绝大多数的河流都是高斜度河床，水流湍急，也就形成了软水。而水流缓慢的大陆江河，水中会吸收更多的钙、镁离子，从而成为硬水。地下水也是同理。地下水在地下的平均停留时间被称为"贮留时间"，中欧或美国得克萨斯州的地下水贮留时间超过 1 万年，日

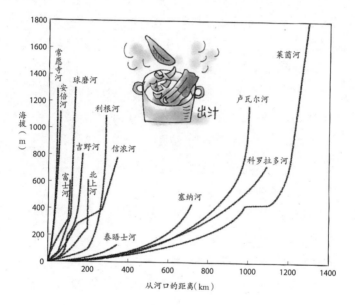

图 1-2　日本列岛和世界河流的河床斜度
　　　　日本的河流基本上是高斜度河床

> 日本列岛绝大多数的河流都是高斜度河
> 床，水流湍急，也就形成了软水。
> 日本是山国，所以是软水国，而软水国也
> 孕育了出汁文化。

本山麓的涌水从地下涌到地表一般只有数十年，特别是京都盆地的涌水据说只有 5 年左右，而关东的水硬度略高也是因为河流得以在相对广阔的关东平原缓慢流淌。

河床斜度，也就是大地的倾斜度，毫无疑问在很大程度上受该地域最大高度的影响，但平原也会起到非常重要的作用。起源于瑞士阿尔卑斯托马湖的莱茵河上游还是水流湍急，进入平原地区后就悠然坦荡了（图1–2）。日本既是岛国又是山国，如果和同为岛国的英国的泰晤士河做比较，两者的不同也就一目了然了。

"原来如此，日本是山国，所以是软水国，而软水国也孕育了出汁文化。"好极了，外甥女像是已经理解了。"但是，那为什么日本是山国呢？"嗯，这种求知欲望值得称赞。肚子已微饱，那就一边品尝着同为软水的赐品——腐竹，一边继续聊吧。

山为什么会升高？——地处活动带上的日本列岛

据说英国登山家乔治·马洛里在被问及为何想要攀登珠穆朗玛峰时回答说："因为它就在那儿。"那么，面对"为什么它（山）在那儿"这一提问，我又该如何作答呢？虽

然有点儿敷衍了事，但回答为"活动带"更为理想。活动带就是地球的最外侧——相当于"蛋壳"的地壳活动活跃的地带。

"世界屋脊"喜马拉雅山脉是印度板块上的印度大陆和形成亚欧板块的大陆相互碰撞、隆起产生的。在今天的日本列岛，也正在发生因板块碰撞而产生的小规模地壳变动，如伊豆半岛碰撞本州形成了丹泽山脉。当然，在日本列岛这种碰撞现象并不多见，大部分山脉都可以认为是由其他原因产生的。

处于活动带的日本列岛的山地升高机制可以分为两大类。一是压缩地壳的力量来自横向力，进而产生弯曲，最终形成了山地和盆地（图1-3a），一般认为日本列岛的山地是这样形成的。其理由是，在日本列岛周边有紧紧挤压在一起的四个板块（图1-4），而太平洋板块、菲律宾海板块从海沟向地球内部俯冲时，会剧烈压缩北美板块和欧亚大陆板块上方的日本列岛。从日本东北到中部地区的山地基本与日本海沟保持平行，而西南日本的山地则与南海海沟同向延伸。换言之，也就形成了与俯冲板块的运动方向即压缩方向基本成直角的山地（图1-3a）。这样就很容易直观地理解，为什么奥羽山脉和出羽山地之间形成了横手、新庄等盆地，为什么濑户内海会位于中国山地和四国－纪伊山地之间了。

板块运动所产生的强烈压缩力确实导致地壳运动变得活跃。比如，屡次三番给我们带来困扰的地震也是地壳运动的一种。但如图 1-3b 所示，在山地的形成中还有一种机制发挥着巨大的作用。

形成地球内部的物质中，地壳是最轻的，1 立方米的重量不足 3 吨，而其下方的地幔却要比地壳重 10% 以上，而且和地壳相比更加柔软，容易流动。因此，如果从地球漫长的演进时间来看，地幔宛如水一般的液体流动着，其上漂浮着轻盈的地壳。根据阿基米德定律，地壳层厚的地方，浮出的部分也就增多，便形成了山地。这种现象被称

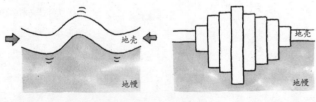

(a) 压缩导致弯曲→形成山地和盆地　　(b) 厚地壳和地壳均衡说→形成山地

图 1-3　日本列岛高山的形成机制

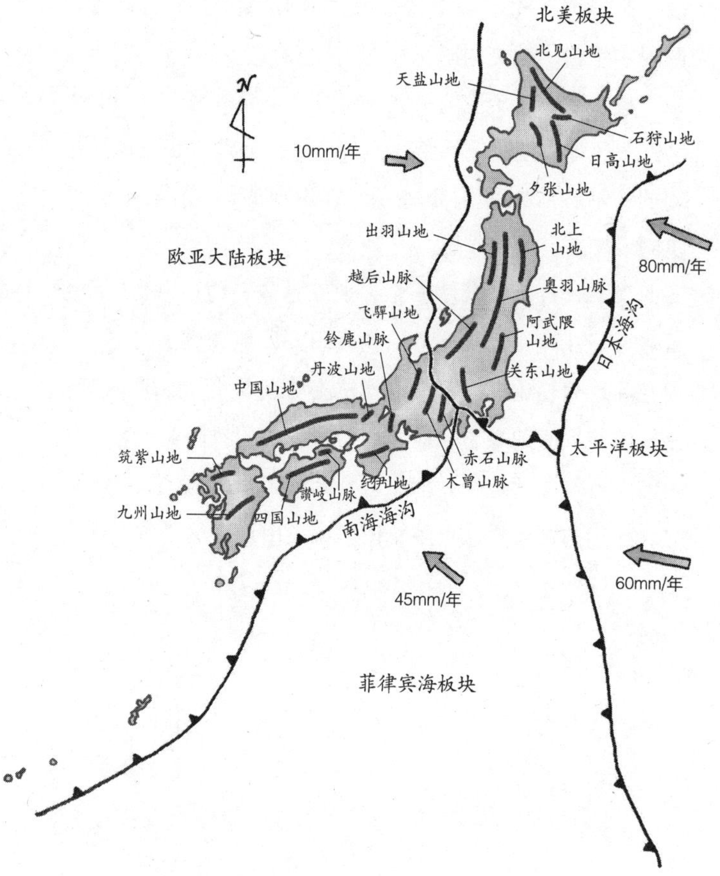

图 1–4　日本列岛的山地、山脉和周边板块
▲▲ 表示板块俯冲的海沟；⇦ 表示板块的活动方向

为地壳均衡。

"列岛隆起说明地壳在不断变厚，对吧，那又是为什么呢？"

问得好。思考这个问题的关键在于认识火山与山地的紧密关系。比如，日本东北部存在着那须和鸟海两个平行的火山带，它们与奥羽、出羽、越后山地（山脉）的方向一致，而"北阿尔卑斯"的飞驒山地也是由属于乘鞍火山带的火山组成的。

在火山下面的地壳中存在着直径数千米的"岩浆房"，岩浆时常从这里上升，最后喷发。岩浆慢慢冷却和凝固后，会形成被称为"深成岩"的花岗岩或闪长岩，并使地壳变厚。而火山带和山地的位置一致，则可认为是岩浆曾经在同一地方反复运动使得地壳变厚，最终在地壳均衡的作用下形成了山地。

另外还有一些虽然现在已停止火山活动，但以前的岩浆活动导致地壳增长并形成山地的情况。比如，日本中国地区的山地是几千万年前岩浆剧烈运动导致地壳变厚而形成的，四国山地和纪伊山地也是同样的原因造成的，都形成于1400万年前。

也就是说，在日本列岛的山地形成（造山运动）中，岩浆起到了重要的作用。像日本列岛所在的这种俯冲板块被称为"俯冲带",实际上俯冲带也是地球上火山最集中的地区之一。说到这里,本应是岩浆专家的我尽情发挥的时候,只是酒有些上头了,外甥女也已酒足饭饱,那么有关日本列岛遍布火山的话题就择日再聊吧。

回程沿鸭川走到四条,再从那儿坐上阪急电车。外甥女一副心满意足的表情,在电车快到大阪梅田站时方显认真本色,开始总结今晚的话题。

由于板块插入日本列岛下方,便产生了岩浆。岩浆引起火山运动的同时,也促使地壳增厚,从而形成了日本既是岛国又是山国的颇具特色的地形。因此,列岛的水是软水,自古以来使用软水生存的日本人,发现了比用兽肉做出汁更美味的方法,即用木鱼花和海带做出汁,从而孕育出值得骄傲的出汁文化。

基本上可以打满分吧!

冬 鰤

——日本海诞生的秘密

冰见的鲕鱼——日本海的至宝

一天清晨，六甲山❶覆上了一层薄薄的银装。登上通往大学的斜坡，身体也暖和了起来。这时手机响了，是来自生田神社附近的割烹的电话。主厨的声音比平时更富有弹性，原来是今年最好的冰见鲕鱼进货了。只是如果今晚就品尝终归有点性急，10公斤的鲕鱼放上一天进行熟成，将会更好吃，于是决定第二天约上外甥女同去。

如果不是神户人，一般不会知道三宫才是神户市的中心区。虽然也有神户这一站，但真正的繁华地段还数三宫，好像不久后阪急电车和阪神电车的站名会从三宫改为"神户三宫"。据说1200年前这一带就是生田神社的领地，而神户则是这片领地的称呼。这家历史悠久的神社也曾因举办女明星与喜剧明星的婚礼而名噪一时。我们从阪急三宫站下车后步行，聊着聊着便来到了餐馆。

最近，连寿司店的主厨都会混淆鱼的品种，如黄带拟鲹（又称"纵带鲹"）、黄条鲕（琥珀鱼）、高体鲕（红甘鲹）、

---

❶　位于兵库县神户市东滩区及北区之间的山，最高点海拔931.25米，日本三百名山之一，是日本三大夜景之一的神户夜景的最佳观赏地。

在青色鱼中，鰤鱼是很特别的，因为其他鱼在
夏天比较美味，而鰤鱼则绝对是冬天的时令鱼。

鰤鱼（青甘鱼）之类。虽然这些都和发光的鲹鱼同类（鲈
形目鲹鱼科），但作为寿司材料则属青色鱼。发光鱼（鲹
鱼、斑鰶、鲭鱼、沙氏下鱵等）用醋和盐浸泡一下会比较
好吃。但青色鱼需要浸泡一下，再放上一整天，即进行熟
成后才会更加美味。因此，养殖鰤鱼的"活鱼生吃"的吃
法，其实就是用鱼死后变硬的口感来掩盖养殖鱼腥味的一
种小伎俩。在青色鱼中，鰤鱼是很特别的，因为其他鱼在
夏天比较美味，而鰤鱼则绝对是冬天的时令鱼。这也是理
所当然的吧。在春天，从东中国海到九州西部海域之间出
生的鰤鱼幼鱼（藻杂鱼）会乘对马海流北上，从夏到秋不
断成长为幼鰤鱼（hamachi），到了冬天就变为出色的鰤鱼
（buri）❶了，所以也被叫作"出息鱼"。到了晚秋，鰤鱼开始
从北海道海域南下日本海，并和冬天北陆地区❷有名的"冬
季雷"❸一起来到富山、能登地区。冬季雷电的到来预示着
鰤鱼捕获季的开始，因此这个季节的雷电也被称为"闹

❶　鰤鱼伴随成长有着不同的名称，过去在关西地区把40厘米—60厘米的
　　鰤鱼称为幼鰤鱼，而超过80厘米的称为鰤鱼，而现在一般关东、关西均把
　　经过养殖的中型鰤鱼称为幼鰤鱼。
❷　日本本州中部地区日本海沿岸的地区，包括福井、石川、富山和新潟县。
❸　日本海沿岸每年11月到次年2月多发雷电。

鰤鱼"。位于富山湾西侧、能登半岛根部的冰见就变成了
冬鰤鱼的圣地。

有种说法是：鰤鱼其名由来于"油"❶，可见其肉质有
多么肥美。但是，无论技术多发达，对挂着厚厚油脂的养
殖鰤鱼还是敬而远之吧。冰见冬鰤鱼的侧腹部位被称为"砂
肝"，覆有相当美味的上等油脂。翻开带着红肉的背部，
其芳醇的气息令人垂涎。到底是主厨有经验，马上端来一
盘切得略大的鰤鱼的砂肝和背部的生鱼片。蘸上大量刚磨
好的芥末和"汤浅溜"❷酱油，慢慢入口的瞬间，我仿佛看
到了阴云密布和白浪翻腾的黑色日本海。在我看来，人间
最幸福的境界不过如此。而外甥女则在一旁说着"这一点
儿也不比金枪鱼的鱼腹肉（toro）差，干脆香甜"等赞美
之词，完全像一名美食记者。而且，如此浓厚的砂肝，外
甥女能一连吃上四五片，也算是大肚"汉"了，是因为年
轻还是女孩子的本性使然呢？

"日本海太宝贵了！"外甥女说。我问迄今为止印象
最深的日本海美食有哪些时，外甥女说："有秋田的日本

❶ 从日语发音可推测这种说法：abura（油）→bura→buri（鰤鱼）。

❷ 汤浅是日本酱油的发祥地，吉野杉制成的木桶以及上百年不变的传统
酿制方法，使得汤浅酱油芳醇香甜，非常适合搭配寿司食用。

> 津居山螃蟹在关西也是数一数二的品牌，蘸着
> 放了少量姜汁的两杯醋，口感最好。

叉牙鱼、新潟的鲑鱼、能登的岩牡蛎、金泽的红鲈和松江的莱氏拟乌贼。"还不错，我像她这么大的时候绝对还在像鲸鱼一样狂饮，像马儿一样暴食呢。

外甥女接着问："那日本海又是如何形成的呢？"我心想："哇，又开始了……"但却也偷着乐。

和肉香浓厚的冰见鰤鱼堪称绝配的还属富山的本酿造❶这种简练、清醇的日本酒。尽管如此，还是想放下筷子稍事歇息，可见鰤鱼的鲜味之强烈。望了一眼寿司料展示橱，刚好和坐镇的螃蟹对上了眼。和鰤鱼一样，螃蟹也是冬天日本海的大王。我问主厨是否是新凑的，结果回答是津居山❷的。虽然和富山没什么关系，但津居山螃蟹在关西也是数一数二的品牌，蘸着放了少量姜汁的两杯醋，口感最好。割烹的主厨一般对女士很照顾，再年轻点儿的就更不用说了，这不，主厨就用头部尖细的料理筷把蟹肉剔出分给了外甥女。

❶　特指日本酒类中最具代表性的清酒，以米为原料，按照日本传统酿造工艺制成，属于酿造酒。

❷　新凑、津居山都是日本地名。

海洋地壳与大陆地壳

好，继续回答外甥女的问题。我打开了随身携带的笔记本电脑，先展示了日本列岛周边的海底地形图（图 2-1）。这张图是根据海上保安厅海洋情报部的调查结果制作而成的，在网上也可以看到。在一般人的印象里海底似乎是平坦的，所以外甥女看到海底剧烈的起伏后很是吃惊。是的，海底有海沟和被称为"海槽"的沟状洼地以及被称为"海岭"的山脉。在日本列岛周边，海沟和海槽是板块的俯冲地带，海岭则是火山活动的结果。而相对平坦的西太平洋深海海底也有海山，这些海山是由太平洋板块像传送带一样将南太平洋诞生的火山岛传送过来的，这些我们改天再聊。

日本海绝不是单纯的洼地，在其中央部位耸立着被称为"大和堆"的大型高地，最浅的地方水深 236 米，北侧的日本海盆可深达 3000 米。其周围有日本海盆、大和海盆和对马海盆等海底盆地。

在此必须明确一下"海洋"和"大陆"的不同。外甥女马上一副理所当然的表情回答说："有海水的地方是海洋，海平面以上是大陆嘛。"

大部分读者应该也持有同样的观点。要说这样回答也

图 2-1 日本列岛周边的海底地形图
在海上保安厅海洋情报部原图基础上稍作修改。海洋的白色部分较浅，深色部分较深
⟸ 表示菲律宾海板块和太平洋板块的运动方向

不算错，但是还应注意到大陆和海洋的分界线不是一成不变的。比如，在冰河期，因为地球上大量的水变成了冰床，所以海平面应该比现在低得多。事实上，地球上曾多次发生海水从这颗行星地表消失、全球都被冰冻成"雪球地球"（snowball earth）这样的重大事件。如果从有无海水来区分海洋和大陆，那么冰河时期的地球也就不是"水行星"，而是"陆行星"了。相反在地球温暖期，冰床从地球上消失，海平面也上升。比如，2万年前海平面上升了10米，关东平原等现在日本列岛的大部分平原都曾是海洋。从川崎到横滨有一片海拔数十米的被称为"下末吉"的台地，这片台地的平坦之处就是曾经的海岸。

海洋和大陆首先高度不同，如果假设高度标准是海平面，那么地球表面的高度分布可明显看到两个峰值，即平均海拔850米的大陆和平均深度3800米的海洋（图2-2）。这样，在地球上高地变成了大陆，低地变成了海洋。那么，这个高度差的原因又是什么呢？外甥女的回答很有意思："地球上了年纪，得了代谢症候群吧。"也许外甥女是想说内脏脂肪型肥胖，那么地球的脂肪又是什么？外甥女答曰："像岩浆一样的东西。"很吃惊外甥女可以这么回答，尽管不能说一语中的，但也八九不离十吧。

海洋与大陆的地壳性质有所不同。

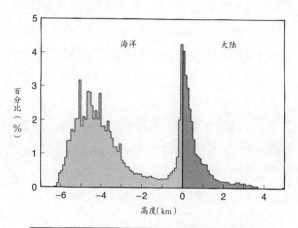

	海洋（海洋地壳）	大陆（大陆地壳）
平均高度（m）	−3800	850
厚度（km）	6	40
密度（kg/m³）	3000	2700
二氧化硅含量（质量%）	50	60

图 2-2　海洋和大陆的不同

事实上，海洋与大陆的地壳性质有所不同。（图 2-2）构成大陆的地壳含有大量的二氧化硅，但缺铁，因此密度小、重量轻且比海洋地壳厚实。还记得 1 月提到的"地壳均衡说"吗？地壳漂浮在流体地幔上，如果轻且厚实的话，浮出的部分将会隆起，这也是大陆比海洋高的原因。轻物质隆起的地方为大陆，某种意义上也像是堆满了脂肪的胖肚子。

那么为什么会产生两种不同类型的地壳呢？简而言之，是由于地壳诞生的地方和形成机制有所不同。在板块俯冲处（俯冲带），俯冲板块附带上各种成分的岩浆，这就是大陆地壳的起源。而海洋地壳则是海岭的板块裂口处涌上来的地幔的熔化物。

现在，在明白了大陆与海洋地壳的不同性质后，我们再来看一遍日本海的海底地形。今天，通过在日本海进行的各种观测以及对采集到的构成海底的岩石进行的调查，这一地区的地壳性质已经很明确了。总之，在日本海中被称为海盆的深处，存在着和太平洋等真正意义上的海洋相同的地壳，也就是海洋地壳。

而大和堆却是由大陆性地壳构成的。从有无海水的角度讲，日本海当然是海洋，但是如果从地壳的特性上看，

> 从有无海水的角度讲，日本海当然是海洋，但
> 是如果从地壳的特性上看，应该说是小规模的
> 陆地，或者是散落着大陆碎片的海洋。

应该说是小规模的陆地，或者是散落着大陆碎片的海洋。

"日本海里有沉没的大陆吗？完全像柏拉图所说的亚特兰蒂斯大陆啊！"

啊，转移话题了？一定是受了廉价电视节目的影响。但这样想我确实有些武断了。

"之前舅舅提到过的那个海洋研究所（独立行政法人海洋研究开发机构，通称 JAMSTEC），最近在巴西海域的大西洋正中间发现了沉没'大陆'，被一些人炒作成可能是亚特兰蒂斯大陆。但是，研究所解释说那是大西洋扩大过程中，南美板块和非洲板块断裂所产生的碎片。是这样吗？"

确实如此。

"那是不是也可以认为日本海和大西洋有着相同的扩大历程呢？"

对外甥女的推理能力不得不刮目相看啊！

亚洲大陆分裂产生日本海

大家都知道"大陆漂移学说"吧？这是德国地球物理学家阿尔弗雷德·魏格纳在 1912 年的学会和论文中提出，并在 1915 年其著书中进一步阐述的概念。这一学说最早

始于魏格纳发现横跨大西洋的南美大陆和非洲大陆形状相似，也就是像拼图一样凹凸相辅。据说之前有不少人也发现了这一现象，比如，英国的哲学家弗兰西斯·培根也是其中一人。而魏格纳的伟大之处在于，他对两个大陆的地层、岩石、生物以及冰河和沙漠的分布等做了详细的调查，发现在这些方面两个大陆的分布也是一致的。但遗憾的是，由于当时还不清楚大陆漂移的动力以及魏格纳的意外去世，这一足以震惊世人的学说最终被人们所遗忘。数十年后，随着大西洋的海底调查以及记录构成大陆的岩石的磁力方向等各种数据的完善，大陆漂移学说作为板块结构学（plate tectonics）成功地重出江湖。可以说，大陆漂移学说是地球科学中"范式转移"的先驱。

"范式转移，好像伽利略的日心说啊，太棒了！"

确实，大陆漂移学说和日心说一样具有革命性意义，不过提出日心说的可是尼古拉·哥白尼哟。

在日本，寺田寅彦对大陆漂移学说非常感兴趣。魏格纳发表论文几年后，寺田就在日本的学会和谈话会上介绍了大陆漂移学说。1927年寺田发表了题为《关于日本海沿岸的岛列》（原文为英文）的论文。论文注意到日本海大大小小的岛屿是沿着日本列岛排列的，而太平洋一侧却

在岩浆冷却过程中，岩石会记录下当时地球磁场的状况。

不存在这种排列。为此，他引用魏格纳的大陆漂移学说，主张日本海各岛是日本列岛从亚洲大陆向太平洋方向漂移时遗留下来的碎片。寺田进行了在模拟地幔的糖稀上漂浮淀粉（日本列岛）的实验，搅动糖稀（模拟地幔对流）后，部分淀粉就会出现与日本海上漂浮的岛屿一样的形状。寺田还成立了通过测量日本海中小岛与日本列岛之间的距离来验证其假说的项目，但遗憾的是假说并没有被证实。今天大家都知道了日本海各岛不能说是日本列岛的碎片。不过，寺田的这些行动证明了他不仅仅是一名知识传播者，更是一名一流的科学家。

和大陆漂移学说一样，通过被称为古地磁学的学科研究，日本列岛漂移学说或日本海扩大学说时经半个世纪得以完全复活。古地磁学是通过对记录在岩石上的微弱磁力的特性进行调查，以推断过去的磁极位置和地球磁场强弱的学科。其理论基本如下。

在岩浆冷却凝固形成的火成岩中包含着带有磁石的矿物质（如磁铁矿）。这种矿物质在数百摄氏度以下时会呈现出磁石的特性。因此，在岩浆冷却过程中，岩石会记录下当时地球磁场的状况。古地磁学研究重镇之一的京都大学在 1980 年左右，开展了详细调查日本列岛各时代岩石磁化的研究项目。研究数据表明，以 1500 万年为界线，之后形成的岩石记录了和现在一样的磁场北向，此前的岩石所记录的磁场在日本西南部为顺时针，而东北部则是逆时针方向（图 2–3）。这个结果看似不可思议，但以下推理却可以很好地加以解释。

日本列岛曾是亚洲大陆的一部分，这一时期的日本列岛因火山活动产生了北向磁化的岩石。但是，从某个时期起，日本列岛从大陆分离，向太平洋方向移动，在这一过程中的 1500 万年前，日本西南部呈顺时针、东北部呈逆时针开始转动。

分裂时重新形成的沉重的海洋地壳成为海盆，而大陆地壳的碎片则形成了大和堆等相对较高的海底地形。而且像拼图游戏一样，在俄罗斯和朝鲜的交界处也发现了刚好可以容纳大和堆的凹地。如果考虑到日本海海洋地壳诞生的年代以及现在分布于亚洲大陆东缘附近的火山活动方式随时期而变化等因素，可以认为分裂大概始于 2000 万年前。

日本海远比太平洋和大西洋小。但正如外甥女敏锐感知到的一样，巨大陆地分离后漂移诞生了大洋，日本海也是因日本列岛从亚洲大陆分离而诞生的。

赐给了我们以鰤鱼为代表的丰富海产品的日本海，是

日本海是因日本列岛从亚洲大陆分离而诞生的。

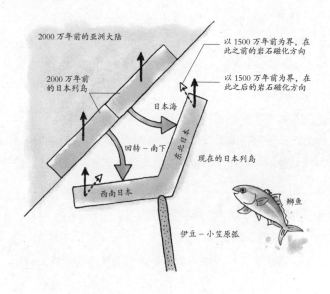

图 2-3 从古地磁推测日本列岛的回转与日本海的形成过程

经过如此这般的天崩地裂后才形成的！为此，外甥女相当震惊。

"日本列岛会以多快的速度离开大陆呢？"

在快的地方是100万年移动1000千米左右，就是1年1米、1天3毫米左右吧。

"也没什么了不起的哈。"

并非如此哟！这样的大型地壳变动并不是每天缓慢进行的。地壳因扭曲而积攒下来的能量会通过断层运动和地震被释放出来，在这种情况下，大地被骤然撕裂。可以想象，在1500万年前的日本列岛，超巨大型地震频发，列岛与大陆也被一次又一次地扯开。

"当时的人们也太不容易了！"

值得庆幸的是，1500万年前地球上还未出现人类。

日本海不断扩大的原因

大部分人听到这里，或会感叹："地球是活的啊！"与其说是理解了，不如说是已经听够了吧。但外甥女却并不罢休。也许是继承了我学理工的姐姐和工程师姐夫的基因，外甥女毫不犹豫地开始了新一轮提问。

地幔上升流促使亚洲大陆板块分裂，日本列岛由此向海洋方向移动，最终诞生了日本海。

"是不是可以理解为：亚洲大陆分裂和日本列岛漂移是因为地幔对流呢？"

对流和辐射或传导一样，是一种传热机制。尽管地球中心温度超过 5000 摄氏度，可地表只有 15 摄氏度，因此地球内部会大量地向地表输送热量，而承担这一任务的就是地幔对流。和正在加热的味噌汤（酱汤）一样，受热后变轻的物质上浮，而冷物质则下沉。另外，也有与温度关系不大的情况。事实上，这两种对流哪一种发挥了作用目前还不是很清楚，但我想总有一种地幔的上升流是日本海扩大的原动力。

看一下图 2-4 吧，这就是我们的假说。在俯冲带，海洋板块钻到上冲板块（日本列岛是大陆板块）的下方，而夹在两个板块之间的部分被称为地幔楔体（mantle wedge）。楔体指的是 V 字形的楔子。黏稠的地幔也由于海洋板块的插入而被拉动起来，其结果就是地幔楔体中产生了如图所示的地幔流。但是因为楔体的顶端附近温度低且坚硬，所以在顶端基本不会发生流动。而伴随着下沉，海洋板块向地幔楔体吐出水等成分，并最终引发火山活动。

值得注意的是，亚洲大陆的东缘在开始分裂之前，大陆内部的火山活动曾十分活跃。而且和通常的俯冲带的火

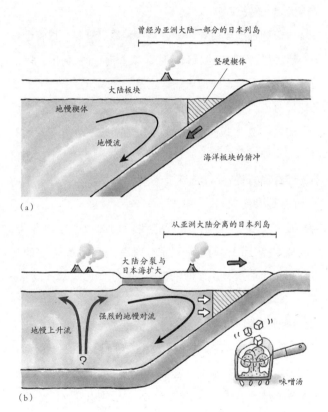

图 2-4　日本海扩大的过程
　　如⟹所示，坚硬的楔体被地幔对流挤压，日本列岛从大陆分离

鰤鱼涮一下马上捞出来，再蘸上橘醋最为可口。

山活动不同，这些火山活动的特征是岩浆来自上升的深处地幔。就是说，可以认为在分裂前的亚洲大陆的下面，因某种原因产生了地幔上升流。如果这种上升流碰撞大陆板块的底部，应该会向周边的地幔扩散。而这种流动在地幔楔体中产生了更为强烈的流动。坚硬的楔体部分被强烈地挤压，大陆板块的薄弱部分最终断裂，于是日本列岛向海洋方向移动（图 2-4b 的右侧），最终诞生了日本海。

　　大概 1500 万年前诞生的日本海在之后的冰河期也曾变成巨大的湖泊。最近的研究中发现，形成对马海峡后，暖流才得以流入日本海，这也是大约 170 万年前的事情。历经曲折后，今天的我们才能品尝到从南中国海洄游过来的鰤鱼，真是要感谢大自然的造化啊！

　　今晚的最后一道菜是鰤鱼火锅。鰤鱼肉来回涮，肉质就会变老，涮一下马上捞出来，再蘸上橘醋❶最为可口。挂上薄薄一层海带鲜味的鰤鱼和柚子的酸味简直就是完美组合。时令菜的京水菜也鲜脆爽口。尽管筷子停不下来，但

❶　ponzu，橘醋是日本常见的调味料，一种带柑橘果汁的醋味混合高汤酱油。

最后还是带着强大的自制力只吃了一碗鲱鱼饭，可谓美味到了极点。

"冬鲱鱼蕴含着日本列岛诞生的故事，它必须美味无比啊！"外甥女在阪急三宫站站台上进行了精彩的总结，好像终于大彻大悟了一般。"那是不是因为日本列岛急速脱离了亚洲大陆，大陆的碎片就散落在日本海里了呢？这么快的速度移动，除了地震就没发生其他什么奇异的自然现象吗？就像摩托艇划过水面后，会掀起大的浪花，且一波一波地摇晃吧。"

不急不急！还有三站，不到 10 分钟就要到我下车的六甲站了。日本列岛大变动留待以后再慢慢细说吧。

牡丹虾

——不断变大的日本列岛

什么是真正的牡丹虾？

突然觉得很高兴，每月一次和外甥女一起散步聊美食，觉得自己还挺可爱的。到了 3 月，北陆地区❶的螃蟹捕捞已接近尾声，取而代之的则是牡丹虾。但是，如果问及谁是虾中之王的话，肯定更多的人会回答说是伊势虾（龙虾）。与螯龙虾（lobster）等淡水龙虾不是一类、不带大钳的伊势虾确实鲜美。不过，我 20 年前曾经在澳大利亚塔斯马尼亚岛住过，那个时候好像已经吃掉了够一辈子享用的伊势虾。据说，日本进口的大部分伊势虾都是从这个岛上运过来的。

除了伊势虾外，车虾也很好。如果进行科学表述就是，这种含有丰富的鲜味成分谷氨酸、甘氨酸（氨基酸）的虾，用来做菜必然好吃。特别是生吃活虾❷，虽然有些残酷，但其口感和香气的确不错。不过我更喜欢活虾天妇罗的甜香。我还喜欢给活的车虾快速浇一下热水，在它还温热的状态下将其做成寿司。无论怎样精心准备，一旦冷却，车虾

❶　一般指日本本州中部地区日本海沿岸。
❷　在虾还活着的状态下摘头剥壳食用。

无论多贵，只要是寿司料橱柜里摆放着色泽鲜艳的车虾，这种寿司店往往不大可信。

难得的甜味都会被糟蹋。所以，无论多贵，只要是寿司料橱柜里摆放着色泽鲜艳的车虾，这种寿司店往往不大可信。

感觉很多寿司店已经不再向客人提供地道的车虾了，似乎和这成反比关系的是，最近甜虾（北方白对虾）成了寿司店的主打虾。这种虾包括凯氏长额虾和牡丹虾等几种，生吃时极具特色的甜味会在口中荡漾。和车虾不同，它们均生活在数百米的相对深海处。其中，富山湾或北陆海域的牡丹虾，甜味之后还会散发出浓郁的鲜味。曾在金泽的料亭听说过，牡丹虾虽然一年都很好吃，但螃蟹捕捞季节过后，渔民们鼓足干劲捞上来的才属上乘之物。想到这儿，便给大阪北新地寿司店的主厨打了电话。主厨是能登人，应该比较了解牡丹虾，当然也能做出一份温吞的车虾寿司。

"那好！我给您尝尝真正的牡丹虾！"

和外甥女并排落座吧台之后，我才真正理解了主厨这番话的意思。

牡丹虾与富山虾

我们一边品尝着刚解禁的萤火鱿的"滨煮"❶，一边聊着富山湾。能登半岛和日本阿尔卑斯山之间的富山湾与伊豆半岛两侧的相模湾、骏河湾并称为日本三大深海湾。富山湾的萤火鱿白天生活在深海海底，夜晚则为追逐鱼食游到海面。牡丹虾也是深海湾虾，所以富山湾的牡丹虾绝对比其他产地的好吃。

这时，主厨端上来两种大虾，都有近 20 厘米长的很棒的家伙。一种个头略大，带点红色，有褐色的带状斑纹。这绝对是富山湾的牡丹虾。另一种则从未见过，色泽略淡，有些发暗。外甥女嘴里立刻塞满了色泽鲜艳的大虾。

"味道浓厚，比甜虾还甜！"

那是自然啦，我夸赞道："到底是富山湾的啊！"主厨听后只是笑眯眯地看着我。

再吃色泽略暗的大虾。和刚才的相比，味道不相上下的甜味在口中扩散开来，但之后才让我有点目瞪口呆之感，这种虾的鲜味竟然余韵十足，后味久久挥之不去！看着脑

---

❶　刚捕捞出海就进锅煮熟的一种食用方法。

> 骏河湾确实深，平均水深约 500 米，最深可达 2500 米，绝对是日本列岛中最深的海湾。

袋像被打蒙了的我和瞪大眼睛的外甥女，主厨说："富山虾好吃，但真正的牡丹虾更没话可说吧？"原来如此，色泽暗淡的才是真正的牡丹虾！据主厨说市场上号称牡丹虾的大部分都是富山虾，而"真正的牡丹虾"在骏河湾和相模湾也只能打捞上一点。刚才大夸富山虾的我有点太没面子了。

不知是不是为了帮我挽回面子，外甥女又把话题引向地球。"真正的牡丹虾生活的骏河湾有那么深吗？"骏河湾确实深，平均水深约 500 米，最深可达 2500 米，绝对是日本列岛中最深的海湾，离海岸仅有 2 千米的地方水深就已经超过了 500 米。实际上骏河湾的水还有一点很惊人，那就是骏河湾和距其仅数十千米的东部的伊豆半岛最高峰天城山之间存在着 3000 米的高度差，比从松本市到日本北阿尔卑斯山脉 3000 米级别的群山之间的落差还要大。这种地形也说明从骏河湾到伊豆半岛的地壳变动有多么频繁。海拔 1406 米的天城山是从本州伸出来的半岛上的最高峰，因为南方吹来的湿润风会被这座山挡住，所以此地雨水比较多。平均年降水量超过 4200 毫米，这和雨量巨大的屋久岛没什么区别。

说着说着，时令的九州莱氏拟乌贼生鱼片伴着芥末进入了眼帘。和牡丹虾一样，鱿鱼的甜味和芥末的辣味可谓配合默契。难怪鲁山人曾经评价芥末是"格调最高的味道之源"。日本原产的芥末必须现磨现吃。更奢侈地说,用鲨鱼(鲛)皮比用金属磨出来的味道更纯正。超市里卖的芥末粉或芥末泥都是用了西洋芥末的冒牌货。感觉使用这些芥末有点对不住和食的食材。伊豆半岛,特别是天城山山脚是日本有名的芥末产地。这里是高地,夏天也冷飕飕的,加上刚才提到的地处多雨地带,雨水丰富,为种植芥末提供了得天独厚的环境。

主厨端上一盘寿司,说道:"骏河湾也能捞上这样的白身鱼。"主厨这么说,一定是之前从未遇到过的食材。生鱼片的白色较浑浊,像带着脂肪,边品尝边想着这应该是日本栉鲳鱼的同类。进嘴后口中顿时充满了浓厚的香甜,与寿司、米饭很相配。据说这是生活在骏河湾海底的一种叫日本胸棘鲷的鱼。

"感谢骏河湾!但是,为什么海湾如此之深?而且,紧邻高高的伊豆半岛也令人不可思议啊。"

伊豆半岛的碰撞与南海海沟的弯曲

骏河湾为什么深?一言以蔽之,就是因为南海海沟插

鲁山人曾经评价芥末是"格调最高的味道之源"。日本原产的芥末必须现磨现吃。

用鲨鱼（鲛）皮比用金属磨出来的味道更纯正。

进了骏河湾内。想想图 2–1，南海海沟是菲律宾海板块俯冲形成的，在从四国到纪伊半岛的海域，由西南向东北方向延伸，之后转向北方，呈弯曲形状，好像是在有意避开伊豆半岛和向其南方延伸的"伊豆 – 小笠原弧"。在这里用"弧"一词，是因为这里是由板块俯冲而形成的地震活动、火山活动等较集中的变动地区。地球是圆的，如果覆盖其表面的板块发生俯冲，也就形成了弧状（弓形）的海沟或变动区域。

但是，在伊豆半岛、骏河湾周边区域弯曲的不仅仅是南海海沟。列岛的最大断层中央构造线，以及从九州到关东地区不断延续的被称为"四万十带"的地质带，也同样发生了变形（图 3–1）。

"完全像伊豆半岛插入本州一样啊！"

外甥女看过这张图后的发言真是击中了要害。是的，被称为"伊豆碰撞带"的这个区域，是原本在九州南部的伊豆 – 小笠原弧碰撞本州后挤进去的地方。因此，南海海沟、本州的地层和断层都是弯曲的。

"啊，这就是之前舅舅提到过的印度大陆与欧亚大陆碰撞使得喜马拉雅山得以升高的迷你版吧！"

佩服佩服，记忆力真好！

"伊豆的碰撞发生在多久以前？现在还在继续吗？"

其实这个碰撞事件与日本海的诞生、日本列岛的回转和弯曲非常有关系。我们再看一遍图 2-3。追溯到 1500 万年前，日本西南部从大陆分离，一边回转一边南下。而此时，伊豆－小笠原弧刚好位于其行进前方，于是便开始发生碰撞。之后伴随菲律宾海板块北上，碰撞更是不断发生，最终形成丹泽山地等山脉（图 3-1）。

"是的。这和上个月在三宫听到的话题连上了。"

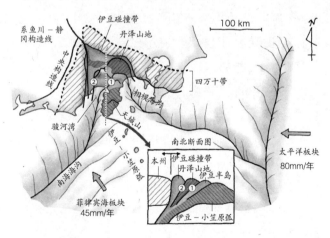

图 3-1　伊豆碰撞带
①神绳断层·国府津－松田断层　②入山断层·藤野木－爱川断层

是这样的。这个碰撞事件是在像摩托快艇般急速前行的日本西南部的前方发生的。

据说伊豆半岛插入本州大概发生在 60 万年前，而且这种碰撞现在仍在持续。因此，如图 3-1 所示，这一地区活断层带密集（1. 神绳断层·国府津 – 松田断层；2. 入山断层·藤野木 – 爱川断层）。第一个断层带正是弯曲的南海海沟的延伸。

"菲律宾海板块是从南海海沟向下俯冲的吧？因此会发生巨大地震吧？那么伊豆半岛和那个叫伊豆 – 小笠原弧的家伙为什么没有潜入本州岛下面？"

本来想教训一下这位"一流酒店礼宾部员工"不应该使用"家伙"这种粗话的，但想到外甥女会问出理科生都很少提到的理论性问题，还是网开一面吧。实际上，伊豆半岛没有从南海海沟俯冲到地球内部，而是碰撞本州岛的理由很简单，因为伊豆半岛就像是菲律宾海板块上的大大的隆起物。

"隆起？是之前提到的地壳均衡说吗？就是说大海里也有患了代谢综合征的陆地？"

这问题问得不禁让我想到，莫非这孩子偷偷阅读了我所有的论文和书，预习过才来的？

在大海中诞生的大陆

如前所说,大陆和海洋的地壳性质有所不同（图 2-2）。构成大陆的岩石中二氧化硅占 60% 左右,用火山喷发形成的熔岩（火山岩）的名字来说,就是"安山岩"。安山岩的英语是 andesite,就是"安第斯岩"的意思,因为这是一种带有南美安第斯山脉特征的岩石。所以,"安第斯"的"安","山脉"的"山"组成了安山岩的日译词。明治初期也曾称为"富士岩",但是富士山的熔岩比典型的安山岩更黑,二氧化硅含量也少,所以就没有继续使用这一名称。

安山岩正如其名的由来安第斯山脉一样,是由海洋板块俯冲到大陆板块下方（被称为"大陆弧"）造成火山喷发而形成的。日本列岛现在被大海环绕,但上月也提到,在 2000 万年前日本列岛曾是大陆的一部分,因此,列岛的地壳也是大陆地壳,日本的火山也主要流淌着安山岩质的熔岩。与此同时,在真正的海洋俯冲带,如伊豆 – 小笠原弧,玄武岩质的熔岩则更为多见。探访伊豆大岛三原山可以发现,被称为大沙漠的破火山口底层附近的平坦地面以及三原山本身,就是由黑黝黝的玄武岩堆积而成的。因

> 构成大陆的主要物质是安山岩，它是由海洋
> 板块俯冲到大陆板块下方造成火山喷发而形
> 成的。

此，学者们一般认为，构成大陆的安山岩是在板块俯冲带，
特别是在大陆弧形成的。

"形成大陆应该需要大陆地壳吧？那么，最初的大陆
地壳又是怎么形成的呢？"

还真是注意到了矛盾之处。

"舅舅，您知道萩原朔太郎吧？"

当然啦。

"他有一首叫'不死章鱼'的诗，主要说的是吃自己
脚的章鱼的命运会如何，最终绝不会再长大了。这个和大
陆成长的话题是一样的吧？"

正如外甥女所说，至今为止的大陆形成论存在着很
大的缺陷。这个理论无法解释原本地球上不存在的大陆地
壳来自何处以及如何形成。而解决这一难题的正是我们提
出的"大陆诞生于海"的学说。2001 年，我从京都大学
调到 JAMSTEC，主持了调查伊豆－小笠原弧和进一步向
南延伸的马里亚纳群岛的大型科研项目。我们使用诱发人
工地震的装置和海底地震仪来探索这一海域海底的地下结
构。这个国家项目的目的在于探明日本列岛究竟延伸到何
处，以获取在主张日本国领土、领海时所必要的科学数据。
现在该项目已完成，在调查中还取得了令世界学者们非常

震惊的科研成果。其中一部分如图 3-2 所示。

　　读者们听说过"莫氏不连续面"吗？这是出生在现克罗地亚共和国的地震学家安德里亚·莫霍罗维奇在 20 世纪初发现并以其姓氏命名的理论，是指构成地壳和地幔分界线的面。从伊豆半岛到马里亚纳群岛的海底之下也观测到了壮观的莫氏不连续面。根据地震波传递的速度，换种说法就是根据形成莫氏不连续面的岩石性质，地壳又可以被分为三层，其下是地震波速度稍慢的地幔层（图 3-2）。令人吃惊的发现之一是，处于这个海域地壳正中间的中部地壳层的特性与大陆地壳的特性一模一样，也就是说，存

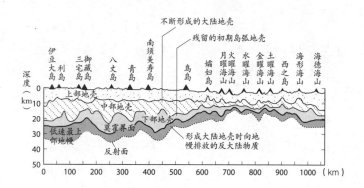

图 3-2　伊豆 - 小笠原弧的地下结构

　　　　由于岩浆活动，在海洋里形成了大陆和反大陆物质

最初的大陆地壳是如何形成的呢？
"大陆诞生于海"假说正是针对这
个难题而提出的。

在着延续到大海里的大陆地壳。

为了解释这一奇妙的地下结构，我们尽可能地调查了
其他的观测数据、海底采集来的岩石特征以及实验结果等，
并认为曾经发生了以下情况。首先，500万年前在遥远的
日本列岛南方海域开始发生板块俯冲，并由此产生了玄武
岩质的"初期岛弧地壳"。之后因为不断持续的岩浆活动，
初期的地壳熔化，分离成安山岩质的大陆地壳（中部地壳）
和相当于剩余渣滓的"反大陆"。可表示为以下公式：

初期岛弧地壳→大陆地壳＋反大陆物质

这种作用不断持续，初期岛弧地壳被消耗，并成长为
安山岩质的大陆地壳。请再看看图3-2，从伊豆大岛到鸟
岛的现在的活火山下，中部地壳正在变厚，也就是说大陆
地壳仍在不断成长。当然，反大陆物质也在形成，但是由
于这一物质含铁较多，比一般的地幔要重，因此经过一段
时间后便会落到地幔底部。

"是吗？这种解释比想象的要简单嘛，反大陆这个名
称像反物质一样，挺酷的。舅舅也觉得不错吧。"

没想到外甥女还知道"反物质"一词，不管怎样，先

谢谢夸奖。

"虽然明白了反大陆物质因为重而落向地幔底部，但总觉得像违法把不要的垃圾扔到地球里面一样。"

不不不，地球更环保、更有生气。反大陆物质在地幔底部经过几亿年的成熟后会再次涌向地表，被"再利用"为诸如大溪地群岛和夏威夷等火山。

"爱因斯坦的预言终于被实验证实了，那么，您的巽假说也快被证实了吧？"

外甥女把我和伟大的物理学家放在一起真是让我感到荣幸之至。为了考证我们的大陆诞生学说的真实性，现在正在进行一个大型的科学项目。我们使用世界顶级的日本"地球号"钻探船，在伊豆群岛海域进行海底之下数公里的超深度钻探。如果能从海底之下数公里的中部地壳中开采到白色安山岩类的岩石，那么我们的假说也就被证实了。

"如果只采集到黑石又会怎样呢？花了那么多经费，最终无法论证，那是不是只能剖腹自杀了啊？"

外甥女露出有些担心的表情。但放心吧，一定不会有这种问题。科学就是这样，即使探究证明假说是错误的也非常重要。到了那个时候再开动脑筋思考，重新设定假说即可。

由于板块碰撞，日本列岛将会不断变大。

日本列岛正在变大

板块俯冲导致大陆在海洋中诞生，外甥女对这一说法多少有些明白了。如果是这样，那么轻大陆（目前尚是"小大陆"）无法和菲律宾海板块一同俯冲到地球里面，而与本州发生碰撞的说法也就不难理解了吧。图 3-1 所示的伊豆碰撞带的南北断面图可以说明这一点。也正是这种由海洋诞生的大陆之间的碰撞才促进了大陆的成长。在地球这颗行星上，板块结构运动发挥作用大约始于 38 亿年前，之后，大陆通过反复碰撞和合并而不断成长。伊豆碰撞带就是现代大陆成长的现场，而我们也得以品尝到鲜美的牡丹虾。

从伊豆半岛往南的伊豆 - 小笠原 - 马里亚纳群岛约2000 公里的区域正在不断地形成新的大陆地壳。这个大陆地壳伴随菲律宾海板块的节奏不断碰撞着日本列岛。就是说，由于碰撞，今后日本列岛也会不断变大。

"日本会变大？好像有点令人兴奋啊，那能扩大到什么程度呢？"

当然会这么问吧。"不过要记住，'地球时间'和我们的日常时间完全不同，它更悠远更缓慢。如果地球史的

46 亿年相当于我们的一生（80 年），1000 万年也仅仅相当于人类一生的 2 个月。换句话说，这‘2 个月’时间里，日本列岛可以‘长大’5% 左右。"

今天晚上主厨没有像往常那样端上得意之作的金枪鱼和鲷鱼，而是让我们尽情享用了伊豆半岛的海鲜。据说，伊豆半岛东侧、骏河湾对面的相模湾中的斑点莎瑙鱼，特别是被称为"小中羽"（斑点莎瑙鱼中12厘米—15厘米的鱼）的捕捞季节已经开始了。这种鱼和伊豆群岛中青岛的麦香十足的烧酒最搭，但是这种酒可有 35 度。在牡丹虾这里没了面子，但在专业话题又挽回些颜面的我，因为喝了青岛的烧酒而有些蒙眬，眼皮已然发沉了。最后，吃了一块相模湾日本花鲈的押寿司❶后，便两手合掌向主厨致谢了。

---

❶　将寿司米饭攥紧放入小箱，上面铺上鱼肉等，盖上盖子后用力压紧，在关西地区较为常见，大阪寿司为其代表，也叫箱寿司。

笋与樱鲷

——濑户内海的形成

又过了 1 个月，到了 4 月，日本新的财政年度开始了。好久没有在大学迎接新年度了，有些兴奋，而且这个校园是眺望大阪湾的绝好景点。正当沉浸在美好景色带来的欢愉之际，接到了外甥女发来的短信，告诉我她想看一次"都之踊"。每年 4 月一整个月里，在京都祇园甲部歌舞练场都会举办这一舞蹈公演，以宣告京都春天的到来，这已成为一道风景线。但是，进入 4 月是无论如何也不可能再预约到座位了。另外，我对这种声势浩大的活动有些不习惯，相比之下，更喜欢北野天满宫一带、京都五花街中最安静的上七轩的"北野之踊"。即使这样，还有一周就要结束了，一定很难再订上座位。不抱什么希望的我决定向久违的茶屋老板娘询问此事。最后一次去已是很久以前的事了，所以担心已被忘记。然而，老板娘就是老板娘，尽管温和地"责怪"我"一定是江户（东京）的水喝坏了肚子"而好久没去，但在听过原委后，马上说如果是平常日子的票定会想办法。真是感激不尽啊。

当天，为了赶上最后一场公演，午后便请假直奔京都。来到久违的茶屋，坐下品茶后从老板娘那里拿了票，就去了现在已很少见的木造剧场。

"您给人家票钱了吗？"

谢谢外甥女的提醒，不过在京都的茶屋是忌讳"金钱交易"的，所以我就留下了背面写有神户住所地址的名片。

"啊！您相当被信任嘛。"

是啊，这种信任正是"生客免进"规矩的原意❶，也是我不选择其他茶屋的缘由。

看完表演，我和外甥女一边回味着余音绕梁的上七轩夜曲，一边向木屋町的"番菜屋"❷走去，这里是当年有名的俊男演员母亲开的餐馆。学生时代，篮球队的前辈带我来过后，我就和这里有了交情。店内变得更时髦了，主厨换了人，但我想味道应该和从前一样。

笋——香味与涩味

在京都的春天，无论如何都得品尝一下笋。落座之后，点了拌芽菜和煮嫩笋，但一起上来的还有"原味一品"。

"这就是传说中的生笋片啊，是生的吗？"

不会吧，即使是清晨挖出来的笋，也不能傍晚就生着

❶　京都祇园和花街等地方的一些茶屋有不接待初次来访者的传统，当然，如果有熟人引荐则没有问题。

❷　泛指传统京都家庭料理。

吃吧。谨慎起见询问了一下主厨，说是挖出来后马上下锅过了一下水。

"这个口感真棒，散发着春天的气息。"

那是呀，如果想享受香气就不应该蘸芥末和酱油。刚要小声警告外甥女别干把芥末化在酱油里的傻事，可惜外甥女似乎已经好奇心满满地开始问问题了。

"在青山的京料理吃生笋片的时候，有点苦，有点涩，嘴里紧了一下的感觉，而为什么这里的却如此柔软呢？"

外甥女想说的其实就是"苦涩味"。苦味是舌头上的细胞感受到的一种味觉，而涩是舌头上的黏膜紧缩时产生的刺激感。苦涩味则兼备了这两者，是一种令人不快的味道。说白了，做笋的技巧就是控制苦涩味并提炼出香味。

蔬菜和山野菜有独特的苦涩味，在某种程度上可以作为风味或时令感受一下。而引起苦涩味的一般被称为"沫子"。作为蔬菜沫子的成分叶酸是一种有可能在体内和钙结合形成结石以及引起骨质疏松的物质。但是，也有研究表明苦涩味蔬菜的代表菠菜，其苦涩口感并不是因为草酸，目前原因尚不清楚。而笋中的尿黑酸则是其苦涩味的根源，这个名字怪异的物质是被称为酪氨酸的氨基酸氧化后形成的，而酪氨酸正是让笋以惊人速度生长的物质。酪氨酸就

> "料理"两字就是根据"理"(理所当然的道理)
> 来进行"料"(妥善处理食材),这正是其精髓
> 所在。

是我们在超市里常见的熟笋上的白色物质。据说这种物质
没有任何毒性,反而可以帮助提高注意力和缓解压力。

"就是说,笋在酪氨酸被氧化转变成尿黑酸之前食用
就行吧?"

完全如此。所以,只要是挖出来马上吃,或用笋尖还
未露出地面、酪氨酸含量少的嫩笋做切片生吃,苦涩味就
会很少。但是,一旦笋挖出来之后,随着时间的推移,在
氧化作用下尿黑酸量就会增加,而氧化作用通过水煮就可
停止。"水开之后再挖笋"就是很科学的老说法,这家割烹
也忠实地遵守了这一方法。"料理"两字就是根据"理"(理
所当然的道理)来进行"料"(妥善处理食材),这正是其
精髓所在。

外甥女带着多少有些悲伤的表情问:"那么,菜店摆
放的笋就不可能做好吃了吗?"

当然有秘诀。正如其名,因为是酸,所以尿黑酸可以
被碱性溶液分解。按传统做法,用含有淘米水和米糠的水
来煮笋就可以撇除沫子。但是,用米糠就会留下臭味,也
就无法品尝难得的笋香,而准备大量的淘米水也不是易事。
另外,干辣椒也有助于撇除沫子,不过也只是辣味盖住了
苦涩味而已。我最推荐的是使用小苏打。把笋放入带有小

苏打的沸水里煮一个小时，苦涩味基本上就会消失。发酵粉和碳酸饮料中的小苏打当然也可以放心使用，更不会残留其他异味，放在厨房里还可以用来擦洗杯子上的茶垢，一公斤才 500 日元，绝对是物美价廉的好东西。

堆积在京都湾的海相黏土层

吃拌树芽菜享受春天的香馨，再品尝用出汁和笋、蜂斗菜一起做的煮嫩笋后，正想着到了该吃点儿鱼的时候，外甥女又发问了。

"竹笋是京都的名产吧？在新干线和阪急电车上能看到大片竹林的地方就是其产地吧？"

虽然在产量上不及出产合马笋的福冈，以及在秋天收获寒竹和沫子很少的布袋竹等丰富种类的鹿儿岛，但京都盆地西边被称为西山的地方才是日本最好的竹笋产地。

"是啊，花时间精力细心培育，不愧是京都！"

外甥女的这个说法我好像可以接受（尽管有些怪异），所以本想听过去就算了，但这样给人感觉似乎其他地方的农户都在偷工减料。实际上，京都以外的地方也都在尽心尽力地种植竹笋。比如，为了让地下的茎营养充分，或不

京都西山是日本最好的竹笋产地，因为西山拥有柔软且土温较高、保温性很好的黏土。

让竹子继续生长，或割掉竹下丛生的杂草再铺上掺有干草的新土等。而说到竹笋人们之所以马上就会提到西山笋，是因为西山拥有被称为"贝壳"的土质。

"贝壳？是指碎的贝壳层吗？"

可不是啊！"贝壳土"可不像沙子，黏土土质且保湿性很高才是其特征。而且这种土非常细碎，整体而言，土温较高且很柔软。在这种土里，竹笋在冒头之前地面也会稍稍鼓起，能看到地表裂纹，这样用粮食探子或小锄头等工具就可以挖到土壤深处的竹笋。

"小学的时候用黏土做过手工，那样的黏土干了会变硬，又细又易碎的黏土有什么特别之处吗？"

"贝壳土"也被称为"海相黏土"，是堆积在内湾的很有特点的地层。海湾有大量靠分解硅藻等藻类以及地面繁茂植物等有机物而生存的微生物。微生物在分解过程中，需要大量消耗水中的氧气，如果这些微生物不断繁殖，那么海湾就会变成缺氧的环境，硫黄的浓度也会升高。这种堆积下来的含有大量硫黄的黏土层如果在陆地风化就会产生硫酸并破坏形成黏土的矿物质。因此，海湾生成的海相黏土可以变得很细很碎。

"就是说，'贝壳土'层形成的时候，大阪湾向内陆延伸得更深,应该叫京都湾吧?"

　　含有贝壳土的地层被称为"大阪层群",是在大约300万年前到数万年前之间,以近畿和东海地区为中心堆积起来的。地层原本堆积在湖底,大约120万年前开始,海水几次涌入这一地区。其原因在于从现在的濑户内海到东海地区❶的地面沉降,如果地球的海平面整体上升,海水就会流向陆地,如果海平面下降,就会留下可被称为"濑户内湖"的湖泊(图4-1)。而这种海平面的变动原因在于被称为冰河期和间冰期的气候变化。在冰河期,冰河扩大,地球表层的海水量下降,海平面降低。而间冰期❷海平面上升,海水从纪伊水道流向内陆地区(古纪伊水道)。此时,因为现在的京都盆地成了"古濑户内海"的海湾,也就堆积了大量的海相黏土。在大阪层群发现了14片海相黏土层,其中约一半分布在京都西山的丘陵地带。

　　"我想都没想到过生长出美味的竹笋原来和濑户内海还有关系,濑户内海可不仅仅有鱼啊!"

　　外甥女感慨万分的时候,主厨端上来了鱼料理。

❶　日本区域划分之一,位于本州中部太平洋一侧。

❷　冰期是地质历史上出现大规模冰川的时期,间冰期是两次冰期之间气候变暖的时期。——编注

（a）间冰期，海平面上升

（b）冰河期，海平面降低

图 4-1　海相黏土的形成
在间冰期海水扩散，京都周边成为内湾并堆积海相黏土

明石鲷——蓝色的"眼影"、琥珀色的躯干

生鱼片盘里，摆放了期待已久的用海带卷过的鲷鱼，配菜是和珊瑚菜嫩叶一起用开水焯过的鲷鱼皮。嫩叶的翠绿和鲷鱼皮的粉色组合，让人感受到了春天的气息。

"漂亮！太有京都味了！但怎么感觉白身鱼的鲷鱼有些糖色呢？为什么？是海带的颜色吗？"

如果是海带卷得时间太长以致染上了颜色，难得的好鱼也就可惜了，天然鲷鱼一般只需卷20分钟。而鲷鱼有些糖色，证明是真正的明石鱼。也有的人为了表示对这种鱼的敬意，将糖色称为琥珀色。

"还没吃过如此有甜味的鲷鱼，肉质很紧实。樱花季节的鲷鱼最棒。"

让外甥女知道有格调的甜味也是我的初衷。在东京，金枪鱼抢走了主角的宝座，但在关西，怎么说都是鲷鱼，尤其明石鲷才是绝对的大腕儿。不过，被称为"樱鲷"与其说是为了表示季节，不如说是因为鱼皮的颜色。和黑鲷这样的养殖鱼不同，明石的天然鱼有着闭月羞花般的樱花色。特别是产卵前的春天，鱼皮颜色更加绚丽。

另外，明石鲷还有一处特别潇洒，那就是它的"眼影"

> 在东京，金枪鱼抢走了主角的宝座，但在关西，怎么说都是鲷鱼，尤其明石鲷才是绝对的大腕儿。

是蓝色的。因为要点一道煮鲷鱼的菜，所以先请伙计拿鱼头来看看。虽然颜色已淡，但还能看得出"化过妆"。看头的大小，估计鱼身有两公斤左右，这实在没有不好吃的道理。夏季产卵期鲷鱼的肉质无论如何都会比樱鲷有些逊色，但到了秋天就会有与樱鲷味道不同的脂肪含量高的红叶鲷。这种鱼要是用涮锅子、茶泡饭的方式品尝，那简直没得说。

"为什么明石的鲷鱼都是俊男美女且肉质鲜美呢？"

外甥女理所当然会这么问，但遗憾的是目前尚无科学的解释。不过，可以肯定的是，鱼食和海流的恩赐是必不可少的。从播磨到神户的名产并成为"钉煮"●原料的太平洋玉筋鱼，以及虾和蟹等都是明石鲷的食物，这好像是明石鲷有着俊俏"眼影"的原因。明石海峡西侧的播磨滩有一片被称为"鹿之濑"的南北长 20 公里、东西宽 10 公里的浅滩。据说从前落潮时，陆地可以从海峡的西侧一直连到小豆岛，鹿可以一直走过去，故得此名。这个浅滩是湍急的海流从大阪湾通过明石海峡时卷起的沙石堆积而成的

● 玉筋鱼的煮菜，甜辣味。名字的由来是因为煮好的鱼像生了锈变弯曲的钉子。

海底沙丘，最浅处水深仅有两米。由于海流的刷洗和搅拌，粗砂质的粒子附满了海水中的营养和氧气，由此产生了大量的浮游生物，也得以聚集了大量的甲壳类和太平洋玉筋鱼，而这些也就成了鲷鱼和章鱼的美食。因此，"鹿之濑"也被称为"海洋谷仓"或"天然鱼塘"，在日本近海乃至世界也算得上渔业资源最为丰富的海域之一。

濑户内海的海流——濑户的形成与潮汐

"说到底，美味的鲷鱼是来自濑户内海的海流啊。因为淡路岛，所以才有了明石海峡和鸣门海峡吗？刚才舅舅说因为沉降才形成了濑户内海，那么，为什么淡路岛没有下沉呢？"

问得好。确实，濑户内海并不都是一望无际的大海，而是位于被称为"滩"的相对广阔的海域与被称为"濑户"的相对狭窄的海域相互交织的地方。濑户海域有半岛和星罗棋布的小岛。同样，从大阪湾到伊势湾一带，海湾和盆地也分布在山地和隆起带之间（图4-2a）。

这种有规律的地形排列的最大原因是菲律宾海板块的运动，以及从九州经四国延伸至中部地区的被称为"中央构造线"的巨大断层的存在（图 4-2a）。菲律宾海板块从南海海沟向承载了日本西南部的欧亚大陆板块下方俯冲，而且相对于南海海沟，这一运动的方向略微向西摆动，所以欧亚大陆内的断层"中央构造线"和南海海沟之间的部分作为小板块被向西拉拽。而"中央构造线"的北侧因小板块的运动，发生了隆起部分和沉降部分的反复变形。这种现象也得到了实验的证实。

因板块的倾斜俯冲，淡路岛隆起并分别与沉降的大阪湾和播磨滩－纪伊水道之间形成了明石海峡和鸣门海峡。

"是嘛。平常完全没有注意到，日本列岛的地形非常有规律性，而原因则在于板块运动。"

外甥女看似已经理解了。

"鸣门海峡的旋流非常有名吧，听说旋流的形成与海流速度快和海底地形有关。明石海峡也是这样，那为什么这一带的海流速度快呢？海峡狭窄这一点多少能想象出来，不过还是不太清楚。"

好吧，我来解释一下。说到底其原因就是海洋潮汐，也就是潮涨潮落。因为没有时间再详解为什么会有潮汐，就先记住和月球引力有很大关系吧。很重要的一点是，因为地球自转，所以潮汐都是由东向西的。

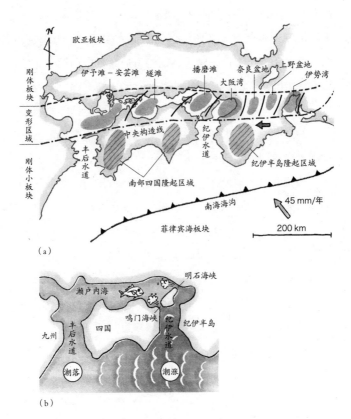

图 4-2 "滩"和濑户的形成与潮流

　　(a) 因菲律宾海板块的倾斜俯冲（），中央构造线和南海海沟之间的
小板块向（）的方向移动。濑户内海就是其北侧的变形地区

　　(b) 明石－鸣门潮水落差机制

因为地球自转，所以潮汐都是由东向西的。

　　让我们再回想一下濑户内海的形状。濑户内海大体是东西走向，通过纪伊水道和丰后水道与外海相连，并分别在淡路岛的北部和南部各有一个狭窄的海峡。在此，我们假设纪伊水道附近已满潮（图 4-2b），结果是外海的海水不断通过纪伊水道流向大阪湾。但是，此时的淡路岛宛如水坝，阻止了海水流入濑户内海。而西边的丰后水道附近还未达到满潮，海平面较低，因此，和丰后水道广泛连接在一起的濑户内海的海平面也较低。就是说，在"淡路岛水坝"的东西两侧，海平面的高度有很大差别。其结果，在明石海峡和鸣门海峡，海水像瀑布一样由东向西奔流。

　　经过一段时间后，丰后水道附近满潮，而此时纪伊水道的潮位开始下降。这样一来，从丰后水道向濑户内海不断灌入海水，"淡路岛水坝"西侧的海平面变高，在海峡中海水又开始像瀑布一样由西流向东。有时甚至时速接近20公里，这就是被形容为像河流一样流淌的这两个海峡的真相。

　　"水流好快呀，那肯定游不过去。"

　　1500 米自由泳选手的时速也就 6 公里左右，所以可以认为人是很难实现横渡海峡的。

　　接下来的菜是配上了牛蒡和豆腐的尚有一些"眼影"痕迹的明石鲷杂炖。想着外甥女会从哪里开吃时，看到她夹起了软软的鱼眼和带有油脂的脸颊。嗯，好样的。没办法，我只好挖着吃鱼头和鱼身边部的胸鳍，也就是被称为"鲷中之鲷"❶的骨头周边的肉了。鱼杂炖的出汁和留下的一些牛蒡一起放入冰箱做成鱼冻，再就着热米饭吃。吃到这份儿上，对明石的鲷鱼也算有了交代。

　　在吃过水菜和炸豆泡的拼盘❷后露出酒足饭饱表情的外甥女，突然认真地问起了一个似乎一直想问的问题。

　　"濑户内海是因为板块向斜下方沉降产生的，我好像终于明白了。但是濑户内海之所以成为内海，难道不是因为有四国和纪伊半岛吗？可为什么这些地方成为陆地了呢？"

　　今夜的美食已经十分满足了，这个问题还是留待以后吧……

❶　硬骨鱼类的鱼骨的一部分，其形状很美且像鲷鱼。

❷　拼盘是一种日本料理，为了不破坏材料的原有风味，将材料分别料理好后摆拼在一起的方法。

小金枪鱼

——丰产的纪伊半岛

家搬到神户后有一件让我吃惊的事。在家后边的六甲山地里有很多野生紫阳花。可能是由于今年 5 月中旬气温突然上升，大学周围也开始开花了。由于这种花（正确的说法应是花萼）的颜色会变化，听说被人们起了个"移情花"（见异思迁）的外号。无论怎样，六甲山地的紫阳花拥有澄清的蓝色，被誉为日本第一。紫阳花呈现蓝色是因为吸收了土壤中的铝离子。形成六甲山地的花岗岩中包含了蕴藏着丰富的铝、被称为"长石"的矿物质。而这些矿物质风化后会马上变成黏土矿物，形成土壤。正因为如此，六甲山地的土壤中铝离子丰富，使得紫阳花也有了迷人的蓝色。

这时候我想起了北陆地区的福井也有一个地方的紫阳花很有名。不过一提到 5 月的福井，被称为"樱鳟圣地"的九头龙川的捕鱼期就快结束了，却正好是小浜捕捞青斑鱼的时节。而青斑鱼生鱼片还是薄片的好吃，可薄片生鱼片是配冰镇过的黑龙吟酿,还是加热的大吟酿❶呢？最后再来上一碗"米糠腌鲭鱼"❷的茶泡饭，这种更像福井的吃法也不错……吃的想象就这么一环扣一环地展开了。

❶　大吟酿被誉为"清酒之王"。

❷　将鲭鱼用盐，再用米糠腌制的乡土料理，是若狭地区和丹后半岛的传统食物，是当地重要的越冬储存食物。

对啊，那就去一趟福井吧。的确，以前在京都割烹学习烹饪的小伙子应该继承了家传的寿司店。询问了那家割烹的主厨后马上就知道了店的地址。打电话过去，电话里传来了熟悉的腼腆的声音，说最近已经可以从别的县❶拿到好鱼了。这真是好事。让外甥女从神户大老远地去福井实在有些过意不去，但坐特急也就两个小时的路程，所以还是拉上外甥女走一趟吧。

熟寿司与早寿司

特急"雷鸟号"沿着湖西线北向而上。一边眺望着右手边琵琶湖的景色，一边和外甥女说这个湖诞生于400万年前，当时琵琶湖位于以忍者❷出名的伊贺一带，随后逐渐向北移动，在40万年前停留在了现在的位置。

"是吗，那差不多是以什么速度移动的呢？"

用单纯的平均值推算，大体上每年移动2厘米—3厘米吧。本来还想进一步跟外甥女解释这个湖可能是由菲律

---

❶　相当于我国的省。

❷　日本自镰仓时代至江户时代出现的一种特殊职业身份。忍者们接受忍术的训练，主要从事间谍活动。

宾海板块俯冲造成的，但看来外甥女的兴趣已经转移到美食上了。

"说起琵琶湖，就想起了听人说过的鲫鱼寿司（鲋寿司），是不是有点像鲭鱼寿司啊？"

鲫鱼寿司用的是在琵琶湖里生长的鲫鱼，非常有名。但即便如此，鲫鱼寿司既不是押寿司，更不能算是饭团，而被称为"熟寿司"，是从弥生时代和大米一起传承下来的可长期保存的食物之一。将鲫鱼用盐腌制，然后和大米一起经过一年以上的乳酸发酵，最大限度地调出食物的鲜味。由于大米经过这样的处理后会变成糊状，所以很多情况下将鲫鱼切成薄片即可食用。腌制和发酵后的鲫鱼，香味独特且强烈，这个时期一条这样的鲫鱼可以卖到5000日元左右，实属珍品。

"这么贵，又这么香，还是握寿司❶好啊！"

握寿司在与熟寿司相提并论时有时候也被称作"早寿司"。

"好像有这样的说法。早寿司确实有一种发源于江户下町（平民区）的快餐的感觉。听说当时金枪鱼腹部的肉

❶ 最典型常见的寿司，又称江户前寿司。

> "熟寿司"是从弥生时代和大米一起传承下来的可长期保存的食物之一。将鲫鱼用盐腌制，然后和大米一起经过一年以上的乳酸发酵，最大限度地调出食物的鲜味。

（toro）人们是不吃的，是真的吗？"

没错。从江户时代直到"二战"前，金枪鱼在寿司中都算是低档鱼，近海的蓝鳍金枪鱼的红肉都是经过"腌制"（酱油腌制）后才端上来的。但是"二战"结束后，特别是进入经济高速增长期后，金枪鱼腹部肉的人气越来越高，而金枪鱼的总捕捞量却在持续下降，于是蓝鳍金枪鱼慢慢地变成了超高档的食用鱼。

"蓝鳍金枪鱼是不是本金枪鱼？我吃过 bintoro（长鳍金枪鱼的腹部），那也是金枪鱼的一种吗？"

不能在外甥女连金枪鱼的种类还没搞清楚的时候就带着她去寿司店吧，没办法，我告诉外甥女本金枪鱼就是蓝鳍金枪鱼，除此之外，寿司店还有南金枪鱼（印度金枪鱼）、云裳金枪鱼、黄鳍金枪鱼、长鳍金枪鱼等。但是，拥有独特酸味的"赤身"（红肉）可是蓝鳍金枪鱼的专利。南金枪鱼腹部浓厚的脂肪甜味与蓝鳍金枪鱼难分高下，但是其红肉部分却远逊蓝鳍金枪鱼。在口感上与其他金枪鱼做比较本身就是对蓝鳍金枪鱼的大不敬。因为鱼肉接近白色，有些店家就把本应用来作海鱼罐头原料的长鳍金枪鱼端给食客，并美其名曰 bintoro，这种店实在不配叫寿司店。

"可是在电视上经常看到的大间❶的本金枪鱼太贵了，一般人买不起啊！"

的确，那是超高级的食物。同时，生鲜的本金枪鱼不断地从美国东海岸和地中海空运而来，这也是成田空港被叫作"成田港"的原因。而用极为先进的技术进行冷冻处理后的本金枪鱼也十分可口。其实重要的是找到一家靠得住的鱼店和寿司店，这样的话就可以确保尝到货真价实的金枪鱼，也不至于被骗去吃冒充为"生鲜本金枪鱼"的那些养殖金枪鱼了。

在福井品尝那智胜浦的金枪鱼

这家寿司店位于福井市的中心地带。坐到吧台边马上就看到了吧台那边已颇具主厨风范的熟悉的脸孔，想起他年轻时在割烹跑堂的样子，不禁打心眼儿里高兴起来。先品尝了脆生生的醋泡岩海蕴，随后和我想的一样，主厨端上来了石斑鱼的薄片拼盘和海带卷北鲔。今天就喝冰镇的吟酿吧。

❶ 位于青森县下北半岛顶端，对岸是北海道。

> 如果直接腌制（生鱼片），酱油会渗透过多而
> 使生鱼片太咸，通过霜降的方法可使生鱼片表
> 面的蛋白质凝固，从而形成一层保护膜。

"北鲿我只吃过西京烧的，生鱼片也真好吃啊！'鲿'字里面有'春'，所以现在正是时令鱼吧？"

没错，现在正是产卵期，所以味道鲜美。可同时，外甥女对略带甜味的美味石斑鱼却没有什么反应。可能对于年轻人来说，这种鱼的味道太过清淡了吧……

接着想吃点味道重的料理，于是向主厨打探。主厨说有 koshibi，就是蓝鳍金枪鱼的幼鱼，大约不超过 30 公斤重（体长 1 米）。在关东地区称为 meji，在关西地区也叫 yokowa。刚才正好在车里谈论过金枪鱼。

不久，就上来了被称为"腌制"的切成厚片的金枪鱼中腹部生鱼片。"这真是好吃！但是，为什么要烤一下鱼的表面呢？"

这可不是烤一下的问题，而是被称为"霜降"的一种准备工作。霜降有一种叫"烤霜"，就是用火轻轻烤一下生鱼片的表面。但一般的方法是用沸腾后稍微冷却的热水来回浇几下生鱼片，或将生鱼片放入热水中焯一下，这样可以去除鱼腥味，这家店就用了这种方法。但是，在腌制生鱼片时，"霜降"却具有别的作用。如果直接腌制，酱油会渗透过多而使生鱼片太咸，也会让生鱼片掉色。因此需要通过霜降的方法使生鱼片表面的蛋白质凝固，从而形

成一层保护膜。此外,将加了酒和味酥❶的酱油煮一下,然后用它来腌制生鱼片,其味道会更柔和。金枪鱼的幼鱼和成年金枪鱼相比,颜色和味道都更淡一些,也缺少红肉独特的酸味,但却可以尝到即将成长起来的"年轻"的朝气和血气方刚的肉感。腌制这道程序可以弥补金枪鱼幼鱼的不足,让食客体会到其长处。另外还有一个可以尝出金枪鱼幼鱼香味的食用方法,就是蘸上刚磨出的芥末,大口吃生鱼片。

"这么大口地吃金枪鱼中腹部肉还是第一次呢,很甜的味道在口中扩散,一定会上瘾的!"

不错的评价!主厨看到外甥女饕餮的样子也眯着眼笑了起来。

"金枪鱼幼鱼是在福井捕捞上来的吗?"

突然被搭话的主厨好像有些害羞,不过也告诉我们最近可以从胜浦这一渠道进货了。

"千叶的胜浦?"

关东人会这么想的。而在关西,提到胜浦是指在纪伊

---

❶ 味酥是日本常见调味料,类似米酒,富含的甘甜及酒味能去除食物的腥味。

通过腌制以及食用时蘸上刚磨出的芥末，可以品尝到金枪鱼幼鱼的独特口感。

半岛南端潮岬附近的那智胜浦。世界遗产"熊野古道"穿过的熊野三山之一的熊野那智大社、日本三大名瀑布之一的那智瀑布都在这里。此外，面向熊野滩的那智胜浦港也是日本屈指可数的捕捞近海生金枪鱼的港口。

"提起近海本金枪鱼，以为只有电视上经常出现的大间呢……金枪鱼是随着黑潮活动的吧？那智胜浦能大量捕捞到金枪鱼是不是因为纪伊半岛伸出一部分在太平洋的缘故啊？"

看来有必要稍微说明一下金枪鱼的洄游。据说在日本列岛周围，冲绳、西南诸岛近海是蓝鳍金枪鱼的主要产卵地。在这一带出生的金枪鱼幼鱼北上，在九州南方分为黑潮组和对马海流组两股，都向津轻海峡，即大间海域洄游。其中黑潮组的一部分从三陆海域游向太平洋，甚至足迹可远至美国西海岸。而向南伸展至太平洋的纪伊半岛的南端潮岬正是经受黑潮洗礼的地方，于是在这附近的那智胜浦渔港就具备了捕捞蓝鳍金枪鱼的"地利"之便。

火山活动与纪伊半岛的隆起

"向太平洋延伸，就是说纪伊半岛隆起吧。记得之前
我们去京都的时候，您说过濑户内海之所以成为海，是因
为纪伊半岛和四国是陆地。可为什么只有纪伊半岛隆起
了呢？"

外甥女嘴里塞满了主厨用炭火轻轻烤过表面（就是
烤霜）的金枪鱼幼鱼，可能肚子已经有些饱了，便开始关
心起列岛的变动。没办法，我只能又拿出电脑，边让外甥
女看图边说明。通过地震波和电阻测试发现，纪伊半岛从
半岛中央向南分布着比周围更热的岩体（图 5-1）。此外，
这一地区遍布温泉，其中有的温泉，其泉源温度超过 80
摄氏度。如果地下存在着高温的大型岩体，这一部分就要
比周围轻，其结果就是地壳的整体性隆起。

"是吗，我以为近畿地区有名的温泉只有有马和城崎
呢……但是纪伊半岛不是没有火山吗？为什么地下温度会
高呢？"

的确，兵库县北部的城崎温泉是火山性温泉。此外，
被称为神户"后屋"的有马温泉也来自菲律宾海板块"挤
出"的热水。那纪伊半岛为什么是高温的呢？其原因在于

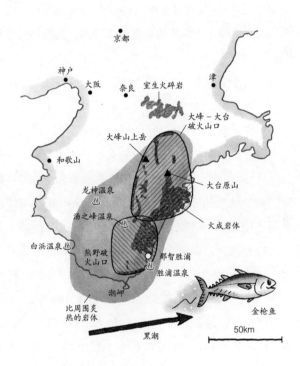

图 5-1 纪伊半岛的巨大破火山口与温泉

大约 1400 万年前在这里发生过的惊天动地的大型火山活动。那时没有喷出地表的岩浆在地下冷却，至今仍然保持着高温。

"火山的残根还没有冷透呢吧？这么大的火山在哪儿呢？"

在纪伊半岛东南部广泛分布着 1400 万年前形成的与花岗岩相近的火成岩和同样成分的火山岩、火碎岩，这些火成岩呈环状分布，并存在着与其环状分布相对应的环状下沉结构。这样的地质特征是破火山口火山在其后的侵蚀和削磨中形成的。也就是说，这个地区过去存在着大峰 – 大台和熊野两个破火山口（图 5–1）。令人吃惊的是这两个破火山口的大小。大峰 – 大台破火山口的面积约为 1000 平方千米，熊野破火山口也超过了 700 平方千米。如果考虑到现在世界上数一数二的破火山口阿苏和姶良也只有 300 平方千米—400 平方千米，就能想象得到纪伊半岛的破火山口是多么巨大。

"有那么大啊！听说阿苏破火山口形成时，火山碎屑流遍布全九州，那 1400 万年前整个关西都是火山碎屑流了吧？"

外甥女知道火山碎屑流这个词，实在是让人感动！火

1400 万年前在纪伊半岛发生了超大型火山活动，未喷出的岩浆仍保持着高温，造成此地区的地壳整体性隆起。

山碎屑流是高温的火山灰和轻石形成一团以极快的速度沿斜面向下流的现象。确实，在距今 8.7 万年前爆发的被称为"阿苏的大喷发"中，1000 立方千米的火山碎屑流流向了四方。由于破火山口的大小与从其中喷出的火山灰呈正比关系，因此可以推算，纪伊半岛南端附近发生的破火山口喷发中，火山碎屑流的发生范围比九州更大。今天，从奈良县到三重县，残存的火山碎屑流最大还有厚达 400 米的堆积层，达 100 立方千米。这一地质现象以其分布地区的正中心——女人高野室生寺命名，被称为"室生火碎岩"。

"主厨，看起来以前火山碎屑流好像也从胜浦那一带流到了福井，和金枪鱼幼鱼一样哟！"

"1400 年之前是吧？我可不知道啊！"主厨回答道。说错啦！1400 之后的单位可不是"年"，而是"万年"啊！

超大型火山活动的原因

"那么四国的室户岬和足摺岬向南延伸，也是同样的原因吗？电视里说，被从南海海沟下沉的板块一起拉进去的地壳在大地震后翘了起来，是这样吗？"

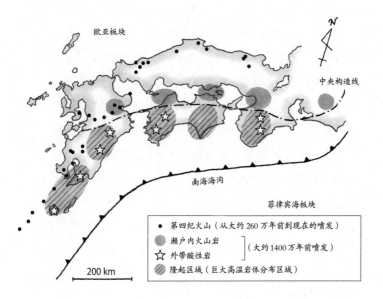

图 5-2　西南日本的火山和火山活动的痕迹

的确有这样的说法，但却是错的。在从四国到九州南部的被称为"中央构造线"的大断层南侧，即通称"外带"的地区里，留有与纪伊半岛相同的 1400 万年前超大型火山活动的痕迹，总称为"外带酸性岩"（图 5-2）。酸性岩是略微发白、含有大量二氧化硅成分的岩石的总称。这些外带酸性岩与纪伊半岛的岩石有着相同的地质构成，所以推测其地下一定存在着高温岩体。

"但是，室户岬周围没有这样的酸性岩啊。"

外甥女的话可谓一针见血。是的，这一地区尽管没有露出地表，但地下应存在着大型岩体。其根据之一就是，在纪伊半岛、四国西部和九州东部，"中央构造线"两侧的每一侧几乎都在同一时期成双结对般地出现了火山活动。北部，即沿着濑户内海的火山活动痕迹被称为"濑户内火山岩"。因好友告密被怀疑谋反而被迫自杀的大津皇子葬在大阪、奈良两县交界处的二上山，这是濑户内火山岩的分布地区之一，此外，这种火山岩还分布在源平合战 ❶ 战场所在地的高松的屋岛、乐团组合 TOKIO 的真人秀节

---

❶ 源平合战是日本平安时代末期（12世纪末）源氏与平氏两大武士集团之间争权夺利的战争的总称。位于香川县高松市的屋岛就是源平合战的战场。——编注

目"铁腕DASH"❶所在的松山市由利岛。而与四国东北部（高松周边）相呼应，在东南部（室户岬周边）也隐藏着外带酸性岩。

"屋岛不是可以采到赞岐岩的地方吗？舅舅，你知道山下勉吗？他的 CD 就是用赞岐岩做的石琴来演奏的，特别令人心旷神怡。"

被称为"锵锵石"的玻辉安山岩，即赞岐岩具有濑户内火山岩类的特征，把用这种石头做成的石琴介绍给天才打击乐手山下的前田仁先生（拥有一座玻辉安山岩山的石器店店主）在生前也是我的好友。但是，最典型的玻辉安山岩却不是产自屋岛，而产自西侧的五色台和金山。

"距今 1400 万年前，一会儿是巨大的破火山口，一会儿是怪怪的石头，真是个天翻地覆的时代啊！要这么说，日本海的扩大和伊豆的碰撞也是这个时期吧？"

外甥女的记性真是不错。的确如此。日本列岛从亚洲大陆分裂大约开始于 2000 万年前。西南日本和东北日本分别以顺时针和逆时针的方向旋转，使日本海得以扩大，

---

❶ "铁腕DASH"是日本电视台制作出品的真人秀综艺节目，由乐团组合TOKIO出演。于1995年首播，2014年还夺得当年日本综艺节目收视冠军。内容为户外挑战、生存、开拓无人岛等。——编注

日本列岛从亚洲大陆分裂大约开始于2000万年前。1500万年前，西南日本和东北日本分别以顺时针和逆时针的方向旋转，使日本海得以扩大。

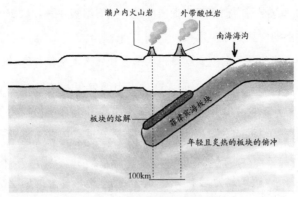

（a）1400万年前的西南日本

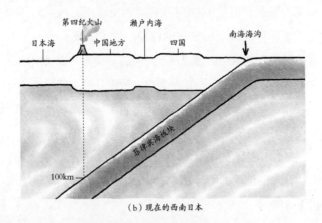

（b）现在的西南日本

图 5-3　1400 万年前的火山和现在的火山的位置

则是 1500 万年前的事情了（2 月）。而挡在一边旋转一边向南方漂移的西南日本面前的是菲律宾海板块，在这个板块上的伊豆 – 小笠原弧开始和本州碰撞（3 月）。

为何这一时期会在濑户内地区和外带出现特异性的岩浆呢？回答这一问题的关键是火山的分布。1400 万年前的岩浆活动和现在的火山相比，一直发生在离海沟（南海海沟）很近的地带（图 5-3a）。而现在的火山则更靠近日本海，在俯冲的菲律宾海板块深约 100 千米的地带形成（图 5-3b）。这也是地球上很多火山带的共性。详细的话留待以后。 简单而言，在深度不到 100 千米的板块上是无法形成岩浆的。但是 1400 万年前的西南日本，却在离海沟更近且深不及板块的稍浅的地层产生了岩浆（图 5-3a）。这种异常岩浆活动的原因在于当时的菲律宾海板块刚刚诞生不久，还是热的，热板块在向地幔俯冲时会熔化，这时会在外带地区产生数量非常巨大的岩浆，从而在濑户内海沿岸喷出特性鲜明的玻辉安山岩。

"嗯，好像是明白了。但是，板块冷却后变沉了，就会从海沟向地球的更深处滑落下去吧？这么热的板块能沉得下去吗？"

真是很有逻辑的疑问。更确切的说法应该是在 1400

1400 万年前，西南日本被架到了刚诞生不久的又热又轻的菲律宾海板块之上，从而发生了超大型火山活动。

万年前的天翻地覆中，西南日本被架到了又热又轻的菲律宾海板块之上了。

等吃完了塞满金枪鱼幼鱼薄鱼片❶剁成的葱花鱼肉泥后，我也酒足饭饱了。但是，既然来了一次福井，不吃名残鳟，那可是要后悔一年的。外甥女也兴致很高，于是我们就请主厨做了鳟鱼寿司。由于怕运气不好染上异尖线虫，店家会把在九头龙川捕捞到的樱鳟冷冻上 1—2 天，再做成押寿司。听说最近逆流而上的樱鳟变少了，甚至在盛产樱鳟的富山也有用细鳞大马哈鱼（桦太鳟）的了。

"鲑鱼和鳟鱼有什么不一样啊，鳟鱼是不会洄到大海的那种吗？"

好像在外国一般就是这么认为的，用这种方法来区分大马哈鱼和三文鱼。但是在日本不是这样。樱鳟也会洄游到大海，不过也有一辈子都在河川里生活的，被称为"山女鱼"。鲑鱼则是被称为"白鲑"的樱鳟的亲戚，至少在日本都会游回大海的。

---

❶　用勺子刮残留在鱼皮上的肉，而且越刮油脂越多，非常适合做紫菜鱼肉卷。

　　一看时间已经快九点了。感谢过主厨后，就匆忙坐着出租车赶上了最后一班的"雷鸟号"。吃饱喝足且已微醺的外甥女坐上车就面露幸福地睡着了。

星鳗与鳗鱼

——在海底火山的约会

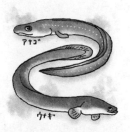

关东的煮星鳗，关西的烤星鳗

最近，梅雨的状态总是有些奇怪。2011 年、2013 年关西在 5 月就进入了梅雨季节，梅雨特有的风情也没有了。仔细想来，被慢慢浸透的石叠，雨滴打在嫩叶上奏出的淡淡旋律，稻田中雨水点起的层层涟漪，这些绵绵细雨的景致都到哪里去了呢？取而代之的是不断增加的伴随着自然灾害的倾盆大雨。有些学者说这些现象也是地球温室化的结果，但尚无法断言。

话说我在寿司店听到过"梅雨星鳗"的说法。星鳗是江户前寿司的招牌菜之一。因此，东京的寿司店一整年都会苦苦搜寻好的星鳗。据说饱含营养成分的从河水流进大海时的星鳗最好吃。当然，江户前星鳗的价格是由品川、羽田和野岛（金泽八景之一）决定的。的确，这些地方的星鳗（煮星鳗）味道鲜美柔嫩，星鳗油脂的甜香会在口中飘散。但是对我而言，还是会觉得香中多少带有些土腥味。跟东京寿司店的老板说了后，老板却自豪地回答："这就是羽田的星鳗！"

在关西，提起星鳗就是"烤星鳗"。小时候，一听到住在高砂的舅舅要来，就特别期待舅舅会带来高砂的特产——"下村烤星鳗"。高砂在加古川的河口部。关西星鳗的主要产地就是明石、加古川和高砂一带。明石鲷的鱼饵地"鹿之濑"还生养着珠玉般的星鳗。由于这里和东京湾不同，是沙地，所以一点儿土腥味也没有。最近，在百货商店的地下食品街和电商也可以买到正宗的烤星鳗了。用锡纸包着上火烤，随后蘸上芥末吃口味最佳，但还是想吃刚烤好的。濑户内的星鳗算是"梅雨星鳗"，脑海里想起了流行语："什么时候吃？——当然就现在！"

马上给外甥女打电话，问外甥女有没有兴趣尝尝星鳗。外甥女好像没怎么吃过星鳗，马上欢天喜地地答应了。

"实际上，工作调动到大阪后，还一次都没吃过鳗鱼呢。这里不像东京，鳗鱼店不多啊。好像星鳗和鳗鱼是亲戚吧，我都想吃啊！"

真是随心所欲的外甥女啊……的确，星鳗和鳗鱼在分类上都属于鳗目，韧鱼和海鳗、海蛇也是亲戚。但是，要想一起吃可不是那么简单的事情。星鳗可以去播州吃，神户也有不错的店。可是提到鳗鱼，还真一时想不起有名的店。于是向在三宫站附近的老交情的割烹打听，主厨说有一家认识的店烤鳗鱼很不错，但是不做星鳗，"要是可以，我来准备……"实际上就等这句话呢。

星鳗与鳗鱼争艳

这家割烹在 1995 年阪神大地震之前是一家雅致的小店。大地震后搬到了新建公寓的上层,成了一家有 10 来张桌子的宽敞店铺。在主厨操刀烹制的柜台前也放着一些吧台椅,基本上都是被一些和店里熟透了的老食客们把持着。看到发福且眯眼笑的主厨,不知不觉中就会放松下来。更重要的是,主厨的手艺也无可挑剔。

前菜❶是时令小菜烤蚕豆和煮秋葵,这对于担心胆固醇的老人是再合适不过的了。此外,秋葵中丰富的植物纤维产生了独特的黏稠感,对滋养身体和提高免疫力都很有效。接着上来的是章鱼生鱼片和过了一遍热水的章鱼吸盘。不用说就知道这是"明石章鱼"。说起来也快要到被称为"麦秆章鱼"的时令季节了。到了这个时候,渔民们会带着麦秆、麦蒿编织的草帽去捕章鱼,故得此名。明石章鱼即使在所谓的名章鱼中也是很特别的,在明石那样的海流中生息的章鱼足短且肉紧,据说是站着"行走"的。再加上章

❶　前菜是用出汁煮过的菜或鱼,放冷后食用。

> 大致而言，星鳗和鳗鱼是不能生吃的，因为它
> 们身体里含有一种会导致腹泻的叫鱼毒的毒
> 素。这种毒素是蛋白质的一种，只要加热了就
> 完全没有问题。

鱼吃的鱼食也不错，所以味道的确鲜美。另外，章鱼还含
有对肝脏功能有益的牛磺酸。如果和鸣门的裙带菜一起吃，
眼前便会浮现出像河一样流淌的明石海峡的潮水和鸣门的
涡潮。

嘴里塞满章鱼的外甥女突然眼前一亮，原来是摆放精
致得像扇子一般的薄片生鱼片上桌了。一眼看上去可能会
错以为是河豚，实际上是星鳗。大致而言，星鳗和鳗鱼是
不能生吃的，因为它们身体里含有一种会导致腹泻的叫鱼
毒的毒素。不过这种毒素是蛋白质的一种，只要加热了就
完全没有问题。星鳗的生鱼片可以媲美河豚的美味，吃它
则颇费工夫，要将活杀的星鳗的血完全放干，还要清洗干
净。十分感谢主厨对我们的这番心意。

"柳叶鳗，是指星鳗的幼鱼吧？去高知的时候吃过，
我记得的确是生吃的，没问题吗？"

知道柳叶鳗可真是不错。在濑户内，被叫作 berata、
hanatare 等的都是早春珍品。但是，称它们为幼鱼却显得
不够准确。星鳗和鳗鱼的幼鱼被称为柳叶状幼体，像叶子
一样平坦，通体透明。很多情况下会将新鲜度高的幼鱼配
上橘醋或三杯醋食用。但是，据说鱼毒是随着鱼的成长不
断在血液中积累的，所以生吃柳叶鳗不用担心鱼毒这个

问题。

今天当然要喝"滩五乡"（神户市滩区、东滩区、西宫市）的"男酒"啦。来自花岗岩形成的六甲山系的伏流水几乎不含铁分。这对鱼的活动十分理想，也是"滩五乡"的酒用"滩之宫水"❶的原因。就像估算好了外甥女摊平最后一块生鱼片的时间一样，烤星鳗配芥末适时地端了上来。

"好吃！这种清淡的鱼身涂料是关键啊。这是秘传的吧！"

肯定不是什么秘传。如果是播磨滩的优质星鳗，只要一刷子的酱油——但只能是龙野、汤浅、小豆岛等关西圈的——就会毫无悬念地好吃。稍微加上一点味酥和料酒也未尝不可，但从我个人的角度看，不放糖为最佳，不然就尝不出星鳗难得的甜味了。

"很多地方都在养殖鳗鱼，那星鳗呢？"

的确，无论是东京湾还是濑户内星鳗的捕捞量都在逐年下降。为此，现在从韩国和中国进口的鳗鱼不断增加。好像明石有的星鳗专营店也出现了用韩国产星鳗的情况。

---

❶ 兵库县西宫市的西宫神社南东侧一带的涌水，江户后期开始被认为适合用于酿造日本酒，是酿造"滩五乡"不可或缺的名水。

> 如果是优质星鳗，只要一刷子的酱油，就会很好吃。不放糖为最佳，不然就尝不出星鳗难得的甜味了。

当然这些都不能和播州的星鳗相提并论——皮和肉都比较硬，其实原本就缺少星鳗的香味。结果到了后来，尽管一点儿香味都没有，但就是体形硕大的黑星鳗和与海蛇相近的有肢蛇鳗都被冠以星鳗的名字出现在寿司店和酒馆里了。这真是世界末日啊！为了挽救这样的悲剧，人们开始尝试人工养殖星鳗。以实现了完全人工养殖金枪鱼而驰名的近畿大学，开始养殖在濑户内海捕捞到的幼鱼并推向市场。此外，听说伊势湾也在养殖星鳗。从养殖鳗鱼的高品质推测，毫不逊色于天然的养殖星鳗在市场流通的日子也指日可待了。

主厨说要是觉得好就尝尝吧，随后端上来一小盘东西，外甥女看到后有些乱了分寸：“这是什么啊？还在一跳一跳地动着呢！”

当得知这是鳗鱼的心脏后，外甥女果然说不出话来。但是看到我用常温酒往鳗鱼心脏上滴上几滴后一口吞掉，似乎外甥女的好奇心战胜了恶心的感觉，也模仿我吞下了心脏。真是厉害的姑娘！这家店在客人下菜单后才会切开活鳗鱼，因此可以信赖。

下一道菜是清烤鳗鱼，辅料是芥末和盐。第一次吃清烤鳗鱼的外甥女也美美地享受了鳗鱼的原味。

"关东和关西蒲烧❶的风味不一样吧？仅仅是剖鱼时从背部还是从腹部的不同吗？"

确实，在武士之乡的江户切腹（切鱼的腹部）就觉得不吉利，所以变成了开背。但其实还有更大的不同。在关西是清烤之后涂上鳗鱼汁再蒲烧，而关东清烤之后清蒸，然后再蘸汁蒲烧。因为加入了清蒸的工序，关东的烤鳗鱼就显得柔软且不油腻。"关西的蒲烧硬且油腻，简直没法吃！"这是经常听到的关东人对关西清烤鳗鱼的批评。但其实，这仅仅是由于进了档次不高的餐馆而已。一般在清烤阶段就会去掉很多油脂，而且用缝串（缝衣一样串在鱼肉上）的方式防止了鱼皮翻卷，因此鱼肉也会适当变软。

话语间，居然上来了两种蒲烧。再次钦佩主厨的细心，估计两种味道都错不了。

"嗯，香气扑鼻的关西风味和柔软可口的关东风味，真是难分上下啊！"

说句略显傲慢的话，只要是优质的鳗鱼在下单后再开始处理，并且认真料理，那就与关东、关西没什么关系，都会很好吃。

❶ 蒲烧是把鱼剖开剔骨，涂上以酱油为主制成的甜辣汤汁烤制而成的料理。最具代表性的是蒲烧鳗鱼。——编注

只要是优质的鳗鱼在下单后再开始处理，并且认真料理，那就与关东、关西没什么关系，都会很好吃。

鳗鱼与星鳗的"相亲"之旅

"舅舅说过能识别养殖的鰤鱼和鲷鱼，那鳗鱼呢？"

的确我也曾经尝过产自四万十川和利根川的非常非常好吃的天然鳗鱼，但实话实说，天然鳗鱼的品质良莠不齐，也有味道很糟糕的。同时，完全挑不出毛病的极品人工养殖鳗鱼我也曾看到过几次，味道的差异感觉不大。当然，今晚的鳗鱼也一定是三河（爱知、静冈）或南九州（鹿儿岛、宫崎）的吧。超市在促销日卖的硕大的鳗鱼大多数是中国产，并且很多不是日本鳗鱼而是欧洲鳗鱼，吃起来就像涂有陈年废油的橡胶。

"养殖鳗鱼就是捕捞鳗鱼幼鱼然后饲养大的吧？爱知和鹿儿岛鳗鱼养殖业兴盛，是不是因为幼鱼❶随着黑潮而来呢？"

一点儿没错。不过，最近日本列岛周围鳗鱼幼鱼的捕捞量正在急剧下降。

---

❶　鳗鱼的幼鱼身长5厘米—6厘米，全身透明，出生在太平洋马里亚纳海沟附近，在成为幼鱼后随着黑潮来到日本。

"啊，想起来了，电视里好像说过鳗鱼的产卵地在马里亚纳。马里亚纳比伊豆诸岛还要远吧！鳗鱼从那么远的地方游过来啊！"

更准确一点地说，鳗鱼的故乡不在现在火山活动频繁的马里亚纳群岛（马里亚纳弧），而是在马里亚纳以西，与之相连的略微古老的海底火山群（西马里亚纳海岭）之一的骏河海山附近（图6-1）。耸立在海底的海山山顶附近、深约200米的地方就是鳗鱼的产卵地。东京大学的塚本胜巳教授等在世界上首次确定了鳗鱼的产卵地，这一成果也是对塚本教授等学者执着研究的回报吧。在这里出生的鳗鱼幼鱼乘着北赤道海流，接着是黑潮，不断成长，最后来到日本列岛（图6-1）。

"成年鳗鱼在广阔的太平洋里能发现骏河海山真是不容易！就算是再高的海底火山，也没有游到那里的导游图啊……"

当然会有这样的疑问。因为富士山级别的海山在这一地区还有若干座，雄鳗鱼和雌鳗鱼在广阔的大海中的某一处海山相遇，这样的概率可谓低之又低。被称为"鳗鱼博士"的塚本教授是这样解释的：雄鳗鱼和雌鳗鱼顺着沿伊豆－小笠原弧形成的小笠原海流南下，然后将受到热带地

雄鳗鱼和雌鳗鱼顺着沿伊豆－小笠原弧形成的小笠原海流南下，然后将受到热带地区强烈降雨的影响、海水盐分浓度下降的骏河海山作为它们的约会地点。

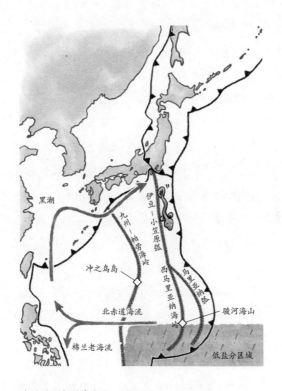

图 6-1　鳗鱼和星鳗的产卵地

区强烈降雨的影响、海水盐分浓度下降的海山作为它们的约会地点（图 6-1）。

"为什么最近日本捕捞不到鳗鱼幼鱼了？是因为河流和海水受到污染吗？"

据说世界上捕捞的七成鳗鱼是被日本人吃掉的，因此这的确是一个实际问题。当然，源于污染和水坝建设导致河流环境的恶化，以及滥捕滥捞都是原因。另外，也受太平洋地区环境变化的重大影响。如前面所说，鳗鱼通过海水盐分的浓度来确定约会地点。但是，一旦出现厄尔尼诺现象，即南太平洋东部海域出现异常高温现象，就会导致这些海域的海面大量蒸发水分，产生大量的季雨云，降雨量也随之增加。也就是说，"低盐分海域"将向东移动。其结果是，马里亚纳附近的低盐分海域变小并向南移动。与以前相比，最近厄尔尼诺现象频发，导致鳗鱼的产卵地向南移动的可能性很大。因此，在菲律宾海域随棉兰老岛❶海流南下的鳗鱼幼鱼增多，而向日本移动的则在减少。

"厄尔尼诺现象是因为地球气候变暖吧？还是要节约用电啊！"

---

❶ 棉兰老岛是菲律宾境内仅次于吕宋岛的第二大岛。——编注

地球温室效应导致的厄尔尼诺现象使得鳗鱼的产卵地向南移动。日本可捕捞的鳗鱼幼鱼急剧减少。

尽管不能说已经完全清楚，但这种可能性很大。当然，节约用电非常重要，而将日本优秀的节能和废气排放技术向全世界推广也很重要，同时也有必要督促二氧化碳排放量排名前两位的中国和美国提升他们承担大国责任的自觉意识。

正在畅聊鳗鱼之际，烤肝上来了。由于这家店不是鳗鱼专营店，所以只有今天做的鳗鱼的两个肝和比鳗鱼肝稍微小一些的星鳗肝。外甥女把烤肝统统吃光了，她觉得星鳗的肝要更清淡一些。

"对啊，星鳗在哪儿产卵呢？也是在马里亚纳吗？"

一边吃着星鳗，一边被问到这样的问题，心情比较复杂，但还是要回答啊。实际上这个问题的谜底直到2012年才解开。星鳗产卵地在九州东南海域到帕劳岛的南北相连的海底火山群（九州帕劳海岭）上的冲之鸟岛近海（图6-1）。为了维持这个岛的经济专属区（排他性经济水域），日本在珊瑚礁的内侧修筑了防止"岛"被波浪侵蚀导致被海水淹没的设施，也因此出了名。实际上在这个岛的珊瑚礁下面也潜伏着富士山级别的古老火山。星鳗的产卵地已经确定，但成年星鳗如何来到这里依然还是一个谜。

四国海盆的扩大与伊豆－小笠原－马里亚纳弧的大漂移

"不管是鳗鱼还是星鳗，都向着离日本很远的南方游去，在那里结合，这是多么浪漫啊！我要不要也去关岛或塞班呢？"

这话可真是没法接啊。

"舅舅之前说过的，从伊豆到马里亚纳的岛屿属于太平洋板块俯冲形成的火山群岛，也是现在大陆诞生的地方吧？那么，骏河海山和冲之鸟岛所在的古火山列岛（西马里亚纳海岭和九州帕劳海岭）又是怎么形成的呢？看见地图（图 6-1）总觉得和伊豆、马里亚纳群岛是一样的……"

是的，"总觉得"对于科学十分重要。阿尔弗雷德·魏格纳就是"总觉得"南美洲大陆和非洲大陆能像拼图一样拼起来，才开始建立大陆漂移学说的研究。

夹在伊豆－小笠原弧和九州帕劳海岭这两个海底山脉之间的叫"四国海盆"（图 6-2d）。20 世纪 70 年代开始，以日本为首的世界各国的研究者对这个海域进行了深入的调查。调查似乎就是为了寻找外甥女提出的这个问题的答案。

话题要回到大约 3000 万年前了（图 6-2a），当时日

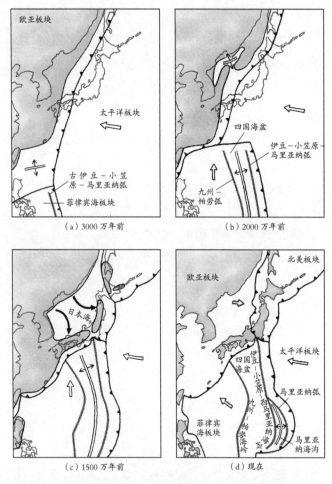

（a）3000万年前

欧亚板块
太平洋板块
古伊豆-小笠
原-马里亚纳弧
菲律宾海板块

（b）2000万年前

四国海盆
伊豆-小笠原-
马里亚纳弧
九州-
帕劳弧

（c）1500万年前

日本海
伊豆-小笠原
四国海盆
九州-帕劳海岭
菲律宾海板块

（d）现在

北美板块
欧亚板块
太平洋板块
伊豆-小笠原-西马里亚纳海岭
四国海盆
马里亚纳弧
九州-帕劳海岭
马里亚纳海沟
菲律宾海板块

图 6-2　日本海－四国海盆的扩大和日本列岛、九州－帕劳弧、伊豆－小
　　　　笠原－马里亚纳弧的形成

本列岛还是亚洲大陆的一部分，在这段时间里，太平洋板块正在俯冲。在俯冲的作用下，"古伊豆－小笠原－马里亚纳弧"产生了频繁的火山活动。其中之一就是冲之鸟岛下面的火山。

异变始于 2500 万年前，古伊豆－小笠原－马里亚纳弧开始向东西方向分裂。

"这和日本列岛从亚洲大陆分离出现了日本海是一样的吧？所以就产生了四国海盆，是这样吧？"

完全正确。分裂后的一半留在了海中，成为九州帕劳海岭。另一半则随着四国海盆的扩大，成为伊豆－小笠原－马里亚纳弧并向东漂移。随后到了 2000 万年前，日本海也开始扩大（图 6-2b）。这时重要的是，包括四国海盆在内的菲律宾海板块正在逐渐北上。而到了 1500 万年前，扩张基本上已经结束的四国海盆正好处在与南下的西南日本相撞的位置上（图 6-2c）。

"明白了！就是说还热着的板块被迫俯冲，于是产生了纪伊半岛，还有什么来着，外带？超大型破火山口和濑户内海的玻辉安山岩吧！好厉害！"

外甥女你也真厉害！在福井寿司店里聊的内容和今天的内容完全结合了起来，值得大大地表扬。那就请把烤星鳗和时令菜的醋泡黄瓜都享用了吧。

但是，伊豆－小笠原－马里亚纳弧仍在继续发展。数百万年前开始，马里亚纳弧又开始分裂。这一次，剩下的部分就是骏河海山所在的西马里亚纳海岭。

"鳗鱼与星鳗现在的产卵地在很久以前属于同一列岛，所以，它们真的是亲戚吧？3000万年前，产卵地说不定在同一个岛？"

很有意思的假设，有机会我去问问"鳗鱼博士"吧。

尽情享用了好吃到无可挑剔的鳗鱼和星鳗，但还是想再点上一品再结束战斗，或许是因为"滩五乡"稍微喝多了些的缘故吧。询问了主厨，主厨说："来个星鳗茶泡饭如何？"总觉得江户前的星鳗有点儿腥臭味，但如果是播磨滩的星鳗，一定会脆爽清口，吃起来毫无问题。即使这样，端上来的茶泡饭还是配上了一小碟山椒粉，一定是考虑到有些许的腥味吧。主厨的料理忠于原料，这是必须感谢的。

海鳗与海带

——地球大变动与生命

祇园祭和天神祭的关键词

2013 年的梅雨季节据说比往年要早两周。而织女星和牵牛星每年一度的重逢在这个时候可以实现。总觉得这样的夜晚能看到天河，会让人心情很放松。不过，把农历七月七日牛郎织女重逢鹊桥的日子，随便改成阳历 7 月 7 日的七夕节，实在有点不安好心。因为往年这段时间应该正是梅雨的旺季。

在东京到处举办酸浆节❶的这一时期，在关西则是京都祇园祭的祭神彩车巡游和大阪天神祭最热闹的时节。祇园祭是要操办整整一个月的大活动，而 17 日的祭神彩车巡游则是最精彩的部分。彩车巡游曾因交通管制的困难而被缩短成一天，但 2014 年又恢复了，也就是分前祭和后祭两次进行。拥有一千年以上历史的祭神活动因为现代人的各种理由而被改动，实在是对古人的大不敬啊！

事实上，祇园祭和日本列岛的变动有很大关系。9 世纪贞观时代，日本列岛遭遇了多次地震（贞观东北海域大地震、京都群发地震、兵库县山崎断层地震等）和火山喷

❶ 告知夏天到来的一种活动，关东多在浅草举办。

在关西，该在农历七月食用的鱼绝对是海鳗。

发（富士山贞观大喷发、阿苏山火山喷发、鹤见岳喷发等），
首都京都又疫病蔓延，死者无数。当时的清和天皇把被视
为这一切灾害之始作俑者的"疫病神"（牛头天王）从山
崎断层附近的广峰神社请到了京都八坂神社加以祭拜。"疫
病神"就是那个传说中野蛮地把自己的姐姐天照大御神（日
本神话中的女神）藏到神仙洞里的神（因此世界变得漆黑
一片），据说就是素戈男尊（日本神话中的神），而素戈男
尊在日本神话中也有火山神、地震神之意。

　　其实，祇园祭和天神祭也有共同点，就是海鳗。祇园
祭也被称为"海鳗祭"，而大阪的家庭也会配合天神，准
备各种海鳗料理。在关东的人们可能不太熟悉，但在关西，
该在农历七月食用的鱼绝对是海鳗。那么就决定这个月带
外甥女去吃海鳗料理吧。问题是去大阪还是京都呢？借着
这个难得的机会想带外甥女看看祭神彩车，同时又想起与
经常去的一家割烹主厨曾经的有关海鳗的约定，于是选择
了京都。

　　在乌丸从开足了空调的阪急电车下车后走到四条通，
更加感受到京都的炎热。因为没有面向海洋，而盆地比陆
地温度上升得快又不太通风，所以京都夏季炎热潮湿，到
了冬天又会寒冷刺骨。一边"卖弄"这些知识，一边和外

甥女搭伴走到不远处的长刀彩车旁。上面坐着幼儿的长刀彩车在彩车巡游中充当前锋。

"巡游的顺序每年都一样吗？"

以长刀为代表的几种长矛和彩车（日语称为"山"）的顺序是固定的，其他大部分则通过抽签决定。一般而言，长矛都比较大且威武，头部装着长刀或月牙形等长矛头。

因为特别难得，这之后我们特意绕道锦小路烤鱼店，闻一闻摆放整齐的汁烤海鳗的香气，再回到室町通。顺路观看了很多长矛和彩车，一直走到御池通。不过这时候已经酷热难耐了，虽然时候尚早，还是选择打车直奔金阁寺旁的餐馆而去。

海鳗——有 3500 根骨头的鱼

拉开店门，见到了已显岁月痕迹却风韵犹存的老板娘。我边走到和式吧台前，边介绍了外甥女。

曾经做过法国菜、现在经营着这家割烹的主厨也还是眉清目秀。主厨端上一盘用意大利醋汁和伏见❶辣椒腌制的

---

❶　日本地名。

> 梅雨时期的海鳗因为 8 月要产卵，所以储备
> 了很多养分；到了秋天就有秋海鳗、松茸海鳗，
> 或是金海鳗留给我们享用。而附满油脂的冬海
> 鳗一点儿都不比出梅时节的味道差。

烤贺茂茄子，这和冰镇啤酒是绝配。贺茂茄子和伏见辣椒都是时令京都菜。圆滚滚的贺茂茄子非常细嫩，料理时不易变形，即使烤着吃也口感滑润。

"听说要吃海鳗，我特意查了一下，海鳗也是喝了梅雨才变得好吃的。"

这一时期的海鳗因为 8 月要产卵，所以储备了很多养分。精力充沛的海鳗，在产卵后能迅速恢复体力，到了秋天就有秋海鳗、松茸海鳗，或是金海鳗留给我们享用。而附满油脂的冬海鳗一点儿都不比出梅时节❶的味道差。

"请先品尝一下牡丹海鳗吧。"主厨知道我对梅肉❷有些抵触，所以除了配有梅肉酱油，还特地上了芥末酱油。

牡丹海鳗的料理方法也称为"焯水"，就是把剃净鱼骨的鱼肉放入加有一小捏盐的热水里，过水五秒左右，再迅速放入冰水中紧一下。这样不仅甜味不会消失，还可以看见柔软漂亮的"花"。

"电视上看到过说剃鱼骨是绝活，真的很难吗？不这样做就吃不上海鳗吗？"

❶　梅雨季节结束的时段。
❷　梅肉是青梅腌制后的果肉，用作寿司卷的蘸料或佐料等。

确实不那么简单。用刀按着切，但必须留下一片薄皮。而且为了开出漂亮的"花"，也必须用"一寸三十三切"的切法，一片鱼肉薄到不足 1 毫米。一般人肯定是不行的。刀间距过大，会留下小骨头，口感不好，而担心切到皮不敢下刀，也就不可能切出漂亮的花朵。对于食者，小刺最让人头疼，据说海鳗有 3500 根鱼刺，背骨的数量和同类的鳗鱼、星鳗没什么区别，但身体两侧却有超过 600 根的小刺。

正聊着，约定好的一品被端了上来，盘中鳗鱼片薄得可见盘底的蓝色彩绘。外甥女马上动筷并大为吃惊。

"口感特别好，清淡中有种甜味，实在太好吃了！只是小骨头都去哪里了呢？"

这正是我和主厨之间的约定。我曾试着将海鳗的小鱼刺用剃骨器（像镊子）一根根地拔下来。可是这实在是需要足够耐心的麻烦事。而且不知是手温，还是拔鱼刺时碰到了鱼肉，活海鳗的鱼身变形了，结果，那条实验用海鳗只能用来做出汁了。在和主厨讲了这次惨败经历后，主厨说有时间时会准备一盘海鳗生鱼片。没想到，主厨今天只为了我们两个人，用左手边浸泡冰水边剃鱼刺，花了一个多小时才拔掉了所有的小鱼刺。感激不尽！

能和肉质细嫩的海鳗搭配的也只有日本酒。

　　能和肉质细嫩的海鳗搭配的也只有日本酒，在这家店我一直喝高岛(滋贺县)的藏元❶生产的生酛❷。也许是水的原因，和"滩五乡"的生酛相比，虽不够清爽，但却有一种深邃的香甜。而且这种酒不是由机器压榨，而是使用木质天平。以前访问藏元的时候，曾喝过一滴一滴刚被榨出的酒头，马上就被其浓郁的酒香所震惊。

　　"那个生酛是什么？"

　　嗜酒就一定要了解这些，我们还是再找机会聊吧。

　　"请趁热吃吧。"主厨一边说着一边端上了霜烤海鳗和腐竹海鳗糕。霜烤是指将鱼皮烤透、鱼身稍微烤制，使其肉质还处于半生状态的做法。生食剔除鱼骨的海鳗，即使再细心，小鱼刺还是会让人感到不舒服，而烤过之后的香甜味会掩盖这种不适感。

　　最开始没能认出腐竹的外甥女被海鳗糕的润滑感所折服。"这种被碾成泥状的东西是鱼糕（kamaboko）的原料吧？"

　　腐竹海鳗糕是将海鳗作为白身鱼使用的，和鱼糕的原

---

❶　酒、酱油、大酱、醋的酿造厂商。

❷　生酛，指最传统的清酒酿造法。用水、米和米曲按照传统的手工作业，经四周的培育做酵母，需要一般酿造方法双倍的时间和人力。

料基本相同，但很多时候会加入蛋白和出汁。而鱼肉山芋饼（hannpenn）则会加入山芋。

"那么，京都的海鳗是从哪里运来的呢？若狭还是濑户内海？"

海鳗是生命力旺盛的鱼，以前在海鳗名产地的大阪湾捕捞的海鳗可以活着运到京都。而现在，德岛和濑户内海沿岸是国内海鳗的主要产地，但这些地方的产量都毫无例外地在减少，于是从韩国和中国进口的海鳗正成为主力。特别是最近，有很多韩国海鳗的质量很好，京都的料亭和餐馆也在积极使用。不过，"海鳗中的海鳗"当属淡路岛南部从沼岛到德岛之间捕捞的海鳗，这一带的水域也由此被称为"海鳗巢"（图 7–1）。

海鳗与地质

"海鳗也像韧鱼一样生活在岩石间吗？"

的确，从长相看，海鳗应该像韧鱼一样隐藏在岩石缝之间，但其实是在海底挖洞生活的。所以，海鳗喜欢的不是石头和沙地，而是容易造洞的积满淤泥的海底，"海鳗巢"则非常符合这些条件。

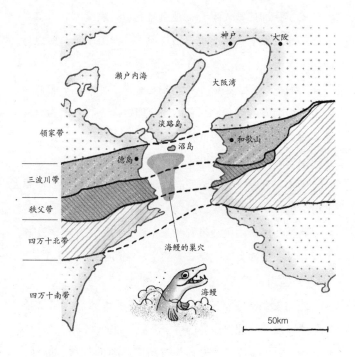

图 7-1　海鳗的巢穴和三波川带

"从海底的洞穴里露出凶相的海鳗有点令人不爽……"

确实，即使戴着手套，被血盆大口、满嘴利牙、脑壳坚硬的海鳗咬上一口，也会伤口很深、血流不止，所以想起海鳗在海底凶光毕露的样子就会毛骨悚然。

"为什么'海鳗巢'一带的海域尽是淤泥呢？能捕捞到很多播磨滩的鲷鱼和章鱼的是'鹿之濑'吗？因为海流速度快，所以那里的海底像沙丘一样吧。就是说，在它对面的沼岛海域的海流速度缓慢吧？"

确实，和鸣门海峡或明石海峡相比，这一带的海流要平稳一些。不过，成为"海鳗巢"的真正原因是地质情况。从关西到四国、中国地带有几条东西走向的地质带。这其中就有占"海鳗巢"主要部分的"三波川带"（图7-1）。

"三波川是观赏冬樱的著名景点吧？"

外甥女到底是关东人。群马县藤冈市的三波川一带是冬樱，以及纹理很漂亮的"三波石"的产地。"三波石"被称为"结晶片岩"，很容易被削成薄薄的片状。因此，这种岩石的产地也极其容易发生滑坡，需要特别注意。而由这种结晶片岩组成的地质带，从关东一直延续至九州，这就是"三波川带"。

"是嘛。容易剥离也就容易风化，所以在海里受海浪

> 板块运动造成了易剥离和风化的三波石，从而
> 形成海鳗喜欢的淤泥。

和海流的冲刷变成粉末，最后变成淤泥了吧？"

这个推理太棒了。

"为什么三波石如此单薄呢？隐约记得在高中学过千枚岩，是一样的物质吗？"

感慨外甥女在高中就能选修地理。生活在世界上最剧烈活动带上的日本人，不学习地理是不应该的。真心希望高中的地理课老师们能认认真真地把生机勃勃的地球知识传授给学生。

千枚岩、结晶片岩（三波石）都是石头受到高压后形成的新矿物质，或变形产生的"变质岩"。

"高压是指板块运动的力量吗？"

确实，板块运动产生的力量足够引起地震和隆起高山。形成三波岩这种变质岩的现象（变质作用）也同样和板块俯冲有关系。板块俯冲使得构成板块本身的岩石以及在海底板块上堆积的淤泥砂石被带到更深层的地方并受到高压的作用。

"会被带到多深的地方呢？"

外甥女的好奇心又来了。至今为止的最深记录大约是150千米。这种变质岩中也包括深度须超过100千米才得以形成的钻石。

"咦，钻石！也属于三波石吗？"

听到钻石的名字，大部分女士都会兴奋起来。只是很遗憾，三波川带还没发现过钻石，这一带岩石的深度仅有50千米左右。

"啊？这样的深度肯定不会出钻石……"

外甥女好像很失落的样子，不过，很快就又能振作起来是这姑娘的优点。外甥女终于切入到现在地球科学学界最大的谜团之一了。

"那么，为什么被带进地表深处的岩石现在又露出地表了呢？是地壳运动的结果吗？"

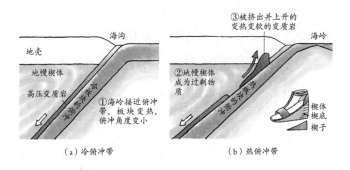

图7-2　高压变质岩被抬上地表的机制

较年轻的板块俯冲海岭，致使板块中的高压变
质岩受热，这一部分物质被地幔楔体挤出并被
抬升至地表。

　　仅仅回答地壳运动是无法作为答案的，因为需要解释
为什么会发生这样的运动——被带入深处的物质需要什么
力量才能重新抬起至地表呢？图 7-2 所示的模型大致作了
解释。还记得之前说过的俯冲板块和其上方地壳之间夹杂
的被称为"地幔楔体"的三角部分吗？

　　"记得，记得。"

　　海岭靠近俯冲带时，板块的俯冲角度就会变小（图
7-2a →图 7-2b）。而板块俯冲角度变小，楔体部分也会变
窄。就是说，原本在那儿的物质的某个部分就必须被带到
其他地方。那么，哪个部分被带走呢？又被带到哪里去了
呢？这和板块俯冲角度变小的原因有很大关系。为使角度
变小，板块必须变轻。就是说，进行俯冲的是刚形成的年
轻且较热的板块（密度小）。而在形成板块的海岭已接近
俯冲带时，板块上层形成的高压变质岩会比以往更热，也
变得更容易流失。所以，这一部分就会作为过剩物质从楔
体中被挤出，并被抬升到地表（图 7-2b）。

　　"好像有一定道理，那么三波石有什么被加温过的证
据吗？"

　　当然，我们并不是仅仅提出一种可以自圆其说的模型，
更是以记录在石头上的温度和压力等数据进行详细分析后

的结果为证据的。但是，证据还不够充分，确实也有自圆其说的嫌疑，只能期待今后进一步的研究啦。

"是吗？研究地球科学的科学家也不容易呀。不管怎样，我们托了地球大变动的福，现在才得以品尝到如此美味的海鳗，还是觉得赚了！"

外甥女的理解方式真是有些奇妙啊！想着这下能安静地吃会儿美食了……

"等等，哪儿有点儿不对劲。舅舅是说海岭俯冲吗？海岭形成板块的地方也是地幔对流的涌出口，对吧？而俯冲带也是地幔和板块下沉的地方。如果这样，海岭俯冲不是很奇怪吗？地幔对流会怎么样呢？"

这个问题问得太到位了。确实，过去认为海岭和俯冲带分别对应地幔对流的上升流域和下沉流域。如果这是事实，那么，海岭就不可能有俯冲。不过，现在先请外甥女记住，驱动板块的原动力是俯冲板块的牵引力，具体内容以后择机再聊。就在这时，涮海鳗也准备好了。

海带传到北美

正值收获时节，今晚的涮锅子铺满了淡路岛特产的新洋葱。大概是用烤过的海鳗鱼头和鱼骨加海带的缘故，出汁散发着烤海鳗的香味。

"哇，出汁太好喝了！海带和海鳗的香气与洋葱的甜味真是绝配，仅这些就足够了。"

先尝出汁，看来外甥女对关西的出汁文化已经熟悉了。

"主厨，这个海带出汁是用水炖出来的吗？"

以前应该教过外甥女简单且绝妙出汁的做法了，现在再问这样的问题，看来还是相当在意如此美味的出汁啊。这家割烹的煮菜，都是用利尻海带（北海道利尻岛产）过一下沸腾前的水。不过，这太过奢侈，一般家庭是无法效仿的。

"出汁用海带，还是利尻的最好吗？"

利尻的当然最好，不过也有出汁会被染色以及价格不菲的问题。因此，我们家平时爱用真海带（北海道道南产）。

"前几天，电视播放了美国西海岸巨型海带之森的节目，那么大的海带拖着长长的飘带悠然游弋真是太漂亮了。那个和利尻以及真海带是同类吗？还能用来做出汁吗？"

加利福尼亚的海带没试过，应该不行吧。不过，日本海带和北美海带是近亲关系。一般认为，海带的始祖来自北极海（北冰洋），然后向南扩散并不断进化。但是，十

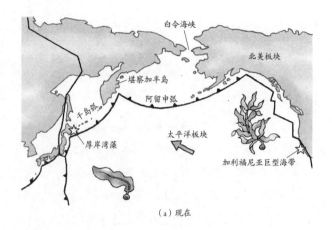

（a）现在

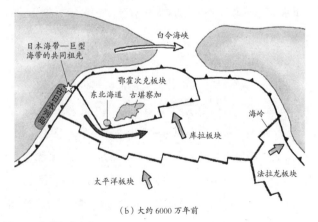

（b）大约 6000 万年前

图 7-3　海带探索之路

　　b 图中的⟹符号代表海带的一种传播路径，⟹符号代表另一种可能的路径

几年前，在北海道厚岸湾发现了日本和北美海带的共同祖先（平滑厚岸藻）。这说明北美海带是从日本千里迢迢，经过堪察加半岛、阿留申群岛传到北美并在那里进化的（图7-3a）。

"从亚洲经由阿拉斯加到达美国大陆，像蒙古人种一样吧。据说，蒙古人种是一万几千年前来到北美大陆的，海带又是什么时候呢？"

至于年代，准确地说应该是包括我们日本人在内的现代蒙古人种的祖先"原始蒙古人种"，跨越当时还是大陆的白令海峡的时期。真是无所不知的孩子啊，而且还能由此联想到海带，真是不错。现在，专家们正在热议厚岸藻到达北美的时间，有"海带博士"之称的同事说估计比几千万年前还要久远。

"那么古老啊，说不定那时还没有阿留申群岛呢！"

至于阿留申群岛是何时形成，目前还不是很清楚，据说也有4000万年以上的历史了。和厚岸藻到达北美的时间相比，我觉得这种推算出的年代可能太近了。如果想象一下更远古时代的情景，好像厚岸藻在6000万年前到达北美的可能性更大。白令海曾经是很大的海洋，但在6000万年前由于板块俯冲，形成了克鲁瓦尼群岛。除了这个北回路径，还有另外一种可能性。现在的东北海道和堪察加半岛形成于今天已不存在的鄂霍次克板块上，然后北上与亚洲大陆连在了一起（图7-3b），这种可能性与此相关。厚岸藻也有可能是通过这些岛屿组成的南回路径到达北美的。

外甥女不禁感叹道："海带传到北美的故事背后居然有这么宏大的地球变动啊！"

不仅仅是地球孕育了生命，也有因生物而改变地球进化路线的时候。比如，20几亿年前，由于进行光合作用的蓝菌门在海洋里的大量繁殖，这个星球才得以拥有充满氧气的大气层。这正是地球和生命的共同进化啊！

吃海鳗涮锅子，鱼皮需要数秒，而鱼身只要在热水里迅速涮一下即可。老板娘端来了烫豆腐，这下可以痛痛快快地吃锅子了。配上出汁，有着和焯水料理方法不同的美味。难得有这么好的出汁，正在我开始惦记最后会上什么主食的时候，上来了小豆岛的手拉细面。将煮面就着放了同是小豆岛的酱油和盐的出汁品尝，再配上洋葱的甜味，简直是妙不可言。当然，和京都的九条葱末也非常般配。

在店前坐上出租车直到下一个拐角转弯时，还能看见鞠躬的主厨和挥手告别的老板娘。不由得挥手感谢一如既往的盛情款待。

8
月

方头鱼与青花鱼

——不断沉降的若狭湾

　　今天晚上将有神户港海上烟花大会。正在看书的我听
到了声音，赶紧兴冲冲地拿着啤酒跑到家里的阳台上。可
能是因为今天酷热，我对在夕阳西下时的"濑户夕凪"❶有
点束手无措。我不断劝慰自己，因为自己家海拔 150 米左
右，所以应该比底下要凉快一些，但即使这样也不能缓解
炎热。在别府和川崎住的时候，烟花绽放时可以同时感受
到声音和震动，这的确颇具震撼力。不过在这里烟花绽放
十几秒后才能听到"咚"的一声，倒也别有一番情趣。

　　眺望天空中的烟花，不由自主地想起了少年时代的暑
假。也许是因为每年的 8 月 1 日都会到家附近的大和川堤
坝上去看 PL 教团的烟花大会❷。在小学时代，看完这场烟
花后，就必定会去若狭小浜的宇久待一个星期左右。家父
开着车从家到那里要 5 个小时。过了小浜，再穿过没有铺
装过的山间小道，就到了大约只有 10 户人家的这个小渔
村。那时还没有"民宿"的概念和制度，所以和借住人家
上中学的哥哥一起睡觉很是新奇。

　　这位大哥历经风吹日晒，体格强壮，可以摇橹传马

❶　在夏天，濑户内海的海风转为内陆风时的无风状态。

❷　PL 教团是日本新兴宗教之一，每年夏天都召开一次全日本规模最大的
　　"烟花大会"。——编注

京都一直都是在夏天食用方头鱼。

船，游泳潜水也样样精通。他教会我不带工具潜水的技巧后，我就潜下海捞海螺，比想象的要简单。我们把抓到的十几个海螺一起烤了吃，可当天夜里就开始难受。还有一次从大哥的船上跳下海，被行灯水母在胳膊上刺出了一条条的红痕。而被遍布防波堤的海蛆吓着了的那天晚上，我梦到被一大群海蛆袭击，大哭不止，好心的大哥拍着我的背哄我睡着后才自己放心地接着睡。这些往事又浮现在眼前，历历在目。话说回来，我第一次吃方头鱼（甘鲷、尼鲷）就是在大哥家。脆脆的鱼鳞和柔滑的鱼肉给人印象至深。大哥告诉我，因为方头鱼"面善"，所以也被叫作"尼鲷"（尼姑）。要是这么说，从侧面看方头鱼的鱼头还真的有点像我家附近一座庙的庵主。不过真的不知道这个名字到底来自何方。

这么说来，我好久没吃方头鱼了。原本应该是冬天的方头鱼脂肪厚、味道香，但冬天的日本海天荒浪大，很难捕捞。所以京都一直都是在夏天食用这种鱼。而从若狭将"浜汐❶方头鱼"运到京都时，正好是品尝的最佳时节。以前京都吃到的鲜鱼主要是从若狭和大阪湾运来的。其中，

❶ 将捕捞的鱼用盐腌制。

图 8-1　青花鱼街道

若狭被称为"御食国"，从这里，青花鱼等被源源不断地运往京都。青花鱼和方头鱼一样，似乎也是经过盐的一夜腌制后才运送过来。由此连接若狭起点的小浜到京都的古道被称为"青花鱼街道"。从若狭到京都的主要通路是从小浜经由熊川宿、大原进入京都的若狭街道，但除此之外还有经由花背、鞍马到京都这一最短距离的小浜街道，以及从西迂回的周山街道(图 8-1)。这几条通路都十分有趣。我小时候去小浜的道路，现在想来应该是若狭街道吧。

但是要想吃到方头鱼，就必须前往如同锅底般炎热的京都，我一个人可没有这样的勇气，那就带着外甥女一起去吧。

各种方头鱼大餐

"这不是以前您带我来过的熬点店一带吗？"

或许是对即将第一次品尝的鱼的好奇心，或许是对好几次听我提到过的这家店的期待感，毫不在意酷热、大步流星往前走的外甥女停下了脚步。记性真好！这家割烹就在木屋町一带，是我最信赖的店家之一。

今夜也像以往一样坐在了主厨面前的座位上。我的做菜手艺也算马马虎虎，全是坐在这个位子上的功劳。从鱼的处理方法、蔬菜的切法到煮菜的分寸把握等方方面面，尽管远不能和主厨相比，但确实是从主厨那里"偷看"学会的。冰镇啤酒与芋头茎那脆生生的口感和芝麻醋的香味非常相配，莼菜的绿让人感觉凉爽。和主厨说了我在福井他徒弟的店里吃金枪鱼幼鱼的事情后，主厨给我们端上来了方头鱼的生鱼片和海带卷。已经不能再喝啤酒了，必须换冷酒了。

"这是多么好的甘美的味道啊！叫甘鲷的由来绝对是因为这个味道！"

外甥女看上去很快就进入了状态。方头鱼用盐腌制一夜以去除鱼身上的水分，肉质变紧，从而增加了甘甜的香味。而生吃这样的方头鱼，会对其独特的黏稠感赞不绝口。也有人觉得脂肪比红方头鱼更厚的白方头鱼更好吃。曾经在博多的餐馆里吃过刚钓上来的方头鱼，店老板说如此新鲜的鱼吃生鱼片最理想，我也就这么信了。但是，这样的生鱼片明显有负期待。生鱼片的鱼肉不仅缺乏弹性，而且甘甜味儿也不够。我就和店老板商量说明天还来，请店老板用盐腌上一个晚上。到了第二天，甘鲷果然华丽变身为方头鱼了。

> 方头鱼用盐腌制一夜以去除鱼身上的水分，肉
> 质变紧，从而增加了甘甜的香味。

接下来上的菜是烤方头鱼。带着鱼鳞一起烤的方头鱼
也被称为"若狭烧"。恐怕不用刮鳞就能吃的鱼为数不多。
但是，方头鱼在这一点儿上十分出众。

"鱼鳞的焦香味和热乎乎的鱼肉，实在是让人不想停
下筷子啊！舅舅，感觉就像在那不勒斯吃过的好吃的油焖
带鳞鱼❶。舅舅也知道吧？就是那家在蛋堡前的餐厅！是不
是错了啊？"

我去过那样的地方吗？……但是，如果是意大利，那
恐怕不是油焖而是油炸吧？我在圣卢西亚没吃过方头鱼，
但记得在西西里岛卡塔尼亚的鲜鱼市场上看到过方头鱼。
所以在那不勒斯出现"若狭烧"也不是不可思议的事情。
或者也可以叫"那不勒斯烧"吧。用橄榄油煎炸得脆脆的
鱼鳞配上酱汁一定会很好吃的。但是，"若狭烧"是通过
一夜盐的腌制使甘甜味倍增的，并且是用大火的远火烧烤
而成，当然毫无疑问地好吃。

"但是在家里用炭可不容易，况且家用烤鱼架也没法用
远火啊。说到底在家里还是做油焖和法式黄油烤鱼比较好。"

---

❶　法文poeler是法餐烹饪中的一种常用方法，一般是指将肉或鱼和水分
　　比较足的蔬菜一起放在带盖的烤盘中（长柄平底锅也可）焖烤，使肉
　　和蔬菜在高温的作用下被自身的水分焖熟。

没问题，先把空的平底锅烧热，然后把鱼肉串在一起架起来烤就可以。平底锅烧热后的热量可以让鱼皮烤得很脆，火的调节也简单，可以均匀地烤熟鱼肉。

一转眼盘子里只剩下鱼骨头了，恰好这时候酒蒸方头鱼端了上来。菜里还配了嫩腐竹，颇有京都风韵。京水菜的绿色也十分新鲜，柚子沫的香味更属上乘。

"青花鱼街道对于京都算得上是生命线啊。但是，若狭湾的样子很奇怪啊。感觉日本列岛到这里好像变细了。琵琶湖也在这里，伊势湾也凹了进来……"

可能是尽情享受方头鱼后有了闲情逸致，外甥女对日本列岛的好奇心又涌了上来。

若狭湾－伊势湾沉降带

"我还听说过，曾经有建造从若狭湾经由琵琶湖到伊势湾的运河的设想，这是真的吗？"

千真万确！经济高速增长期的20世纪60年代确实曾经推出了被称为"日本横断运河"或"中部运河"的大运河建设计划。出身于岐阜县的大政治家推动这个计划，但随着这位政治家的突然去世，计划也就不了了之。原本，

将变窄的地形与沉降运动和断层运动联系起来思考，这种洞察力可谓惊人。

在日本列岛狭窄处的这个地方建造运河，以刺激社会经济发展的想法，据说在平清盛、江户幕府和明治政府时期都曾经探讨过。

"可是，为什么日本列岛在这里变窄了呢？据说在若狭湾的核电站下面是活断层，是不是有太多的断层地壳就会下沉啊？"

将变窄的地形与沉降运动和断层运动联系起来思考，外甥女的这种洞察力可谓惊人。活断层的正确位置和活动状况暂且不论，由于若狭湾和伊势湾不断沉降导致断层日益发展确为事实，而琵琶湖的出现本身就是这一沉降现象的体现。

"这一地区下沉是不是因为其周围正在隆起啊？我记住了哟，就是地壳均衡说吧。"

外甥女看上去非常自信。但很遗憾，这个地区并不是"相对"沉降，而是真的在不断沉降。其原因正是菲律宾海板块的俯冲。

"啊，但是菲律宾海板块不是一直沿着南海海沟俯冲吗？这和若狭湾 – 伊势湾沉降带有什么关系吗？"

这和不断俯冲的菲律宾海板块的形状有关。由于菲律宾海板块仍很年轻，温度尚高，所以不像太平洋板块那么重。因此，不可能以非常大的角度向地幔斜插，大概是平均 25 度吧。而从伊势湾到若狭湾的地幔斜插角度正在越变越小。

"原来如此，可还是有些不明白。为什么板块的俯冲角度变小了，它上面的地壳会下沉呢？"

我问老板娘借来了铅笔和纸，画了一张图（图 8–2）。如果硬的板块向黏稠且较软的地幔俯冲，板块表面附近的地幔会一同被板块往下带。为了补偿被板块带走的这一部分，地幔深处会流出一些物质，这被称为"补偿流"（图 8–2a，b）。如果板块俯冲的角度变大，这种补偿流就会到达海沟附近的地幔，即图中的地点 P，补偿流就会到达大概相当于从兵库县到大阪湾、纪伊半岛地区之下的地幔。但是，如果角度变小，补偿流能够流入的缝隙也会变窄。这样补偿流就到不了地点 P（如从若狭湾到伊势湾）。于是，地幔被板块向下带走，其上方的地壳就只会沉降。

"好像有些明白了。反正是在板块开始俯冲的地方，被板块带走的地方，其上的陆地就跟着下沉吧！俯冲带一会儿上升一会儿下降，真是麻烦啊。不过，说起来也正是托了这个的福，我们才得以吃到方头鱼和青花鱼啊。可我

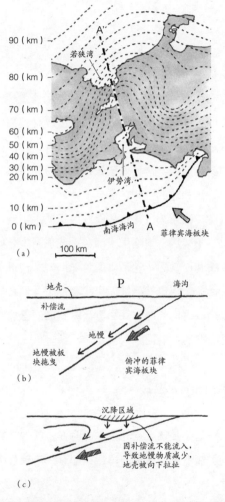

（a）

（b）

（c）

图 8-2　俯冲的菲律宾海板块的形成与若狭湾－伊势湾的沉降机制

（a）图中的点线为菲律宾海板块的等深线，数字表示其深度，将南海
海沟深度设为 0

147

想在青花鱼寿司 ❶之前先尝尝京都的蛋卷 ❷!"

说起东京蛋卷的做法,在荞麦店会用荞麦蘸汁,寿司店会用酱油,并加上糖去制作,味道浓厚且偏甜。这当然也很配日本酒。但是在关西,特别是京都,在做蛋卷时只加出汁和少量的盐。这种做法做出来的蛋卷可以充分品尝到出汁的香味和盐的鲜味,也是上佳之作。过去了为了做出好吃的蛋卷,我还买过导热性能好的铜质手工专用蛋卷平底锅。用了不久后,锅吃尽了油,手艺也越来越好,可以做出香喷喷和松软的蛋卷了。但是随后搬家住进了全部用电的公寓,这个锅也就英雄无用武之地了。现在好像有了可以用铝锅或铜锅的电磁灶,可当时我已经忍痛割爱把铜锅送给了酒吧的女老板。

青花鱼寿司和鱼的熟成

正想着是不是该来点儿主食的时候,就像计算好了的一样,主厨端上了青花鱼寿司,还配有一小碟伏见辣椒煮

❶ 用青花鱼做成的棒状寿司的一种,或者用盐和米饭将鱼进行乳酸发酵而成的寿司。

❷ dasimaki是将蛋汁混入出汁,一层层煎烤再卷起的糕圈状食品。

> 大阪以青花鱼押寿司为美食的正宗代表，将盐
> 腌制一晚后的青花鱼用醋浸泡使肉质变紧，然
> 后再切片，就是押寿司了。

沙丁幼鱼❶。这道京野菜用的是伏见一带种植的辣椒，这种辣椒并不辣，相反还有点甜。现在很多店家会用稍大一点儿的万愿寺辣椒，这种辣椒诞生于舞鹤，是伏见辣椒和美国加利福尼亚州辣椒的"混血儿"。

"这就是青花鱼寿司啊，姿寿司❷真好看！这一段时间，我在单位附近吃午饭时吃了青花鱼的押寿司，味道真是不错，但却是四角形的。"

说得没错。大阪以青花鱼押寿司为美食的正宗代表，将盐腌制一晚后的青花鱼用醋浸泡使肉质变紧，然后再切片，就是押寿司了。所以寿司是四角形的横截面，鱼肉也比较薄且厚度平均。

"青花鱼有寄生虫，用醋处理是为了对付寄生虫吗？"

我记得好像是在福井告诉外甥女的，所谓的寄生虫就是异尖线虫，它会侵入胃黏膜，引起翻山倒海般的剧痛。很不幸的是，这种虫子即使用醋处理也会毫发无伤。

"啊？那就是说用醋处理过的青花鱼也不能放心地吃啦？"

是的。过一遍火或用冷冻的方法可以杜绝异尖线虫，

---

❶　JYAKO是多种沙丁类幼鱼的统称。一般打捞上来后用盐水煮过再晒干。

❷　保持鱼原形的寿司。

但生吃就要有思想准备了。一般这种寄生虫会在青花鱼的内脏里筑巢，而一旦鱼死了，就会开始向肌肉移动。因此，刚钓上来的青花鱼只要立即把内脏取出来就没事了。当然，若狭的浜沙青花鱼能够满足这一条件。关键是，无论多么新鲜，只要是在鱼店中摆放的整条青花鱼，就都要烧烤或煮着吃。

"可是,像关青花鱼❶等名牌青花鱼的生鱼片也很好吃啊!"

的确，我在大分县生活的时候经常会吃这种青花鱼的生鱼片。那种味道令人难忘。不仅是大分，在九州吃青花鱼生鱼片都是很平常的。尽管没有完全得到实证，但好像藏在对马海流系的青花鱼体内的异尖线虫属于留在内脏的那一种。另外，还有的报告指出，像关青花鱼这样的并不洄游的"宅鱼"，原本就不会存在异尖线虫，这种寄生虫是以鲸鱼等外洋性海洋哺乳类动物为最终宿主的。对于喜欢青花鱼的人来说，这是个重要的问题，期待尽快得到科学的解释。

"把鱼杀掉马上吃，不如将其进一步加工，味道更好吧？比起青花鱼的生鱼片，把青花鱼用盐腌制放上一夜的

❶　在丰予海峡捕捞、大分市佐贺关上岸的青花鱼，属于海产品中的高级品牌。

无论多么新鲜，只要是在鱼店中摆放的整条青花鱼，就都要烧烤或煮着吃。

味道更加鲜美吧？"

每种鱼的情况各不相同，但大体上是这样的。因此，从青花鱼街道运来的青花鱼才格外好吃。原本而言，熟成就是产生含有"鲜味"成分的肌甙酸。这一成分的来源就是生物进行运动的能量源泉 ATP（三磷酸腺苷）。这种物质在生物进行呼吸时，也就是活着的时候会不断地产生，生物死后就转化为肌甙酸，并进一步成为腐烂成分。

"也就是说，生吃的情况下肌甙酸还没有产生。电视里经常会看到，在渔船上把刚钓到的鱼处理干净就吃，还会说'新鲜的鱼就是不一样'。这算是骗人吧！"

没错，就是骗人的。我希望媒体可以认认真真地报道日本食文化的精髓。再说一下一本钓❶、活杀和杀神经这几种杀鱼的方法。如果要最大限度地获得肌甙酸，就有必要将鱼在含有很多 ATP 的状态下进行熟成。而用渔网"一网打尽"式地捕捞，并让捕捞到的鱼就这么"憋死"，鱼在挣扎的过程中会消耗掉 ATP，这样一来就无法增加鲜味成分了。而如果将钓到的鱼马上杀掉，ATP 就不会减少。更进一步地说，鱼即使被杀掉后，脊髓中的神经仍然活着，

---

❶　用一条鱼线、一个鱼钩钓起鲣鱼、鱿鱼等，甚至大型金枪鱼。

来回翻动也会消耗 ATP。而避免这种情况的方法就是杀死
神经的手艺。同样是丰后水道的青花鱼，关青花鱼要比对
岸的青花鱼好吃百倍，就是因为认真处理青花鱼的缘故，
这是在别府时成为好友的鱼店老板很自豪地跟我说过的。

　　来这家店总会要一份杂煮鲷鱼，但这个时期鲷鱼正在
产卵时节，所以鱼肉掉膘不少，今天就只把若狭的美味吃
个饱吧。还有，如果接着喝的话，恐怕就没有气力回神户了。
可现在往车站走又有些早，好不容易来一次京都品尝若狭
的美味，就和外甥女一同到青花鱼街道的终点走一圈吧。
　　沿着鸭川走了半个小时，就到了高野川和贺茂川合流
的地方，也就是"鸭川三角洲"。这一带名叫出町柳的地
方就是青花鱼街道（若狭街道和小浜街道）的终点。桥旁
立着"青花鱼街道口"的石碑，在一如往昔的商店街的路
面上镶嵌着漂亮的金属板。而我在学生时代去的咖啡店竟
仍是老样子。怀旧的我情不自禁且摇摇晃晃地走进了咖啡
店，和外甥女一起喝了杯我推荐的水出咖啡 ❶。

❶　源自中南美洲的一种咖啡饮用方法，方法一是将咖啡粉浸入水（非热
　　水）中几个小时，咖啡豆越新鲜所需的时间就越长，大约12—24小时；
　　方法二是用专用器具将水滴入咖啡粉中，一般2个小时左右即可。

荞麦与鲍鱼

——火山的恩惠

新荞麦的季节

马上就要到秋分了,可所谓的"秋老虎"依然持续着。即便这样,街边的荞麦面店似乎都不约而同地贴上了"新荞麦"的宣传单。最近的电视节目中,故作美食家的演艺人也赞叹"新荞麦果然是不一样"。其实这种话一点儿也不靠谱,犯了两个毛病。首先,这家店似乎是在说除了新荞麦之外就不会再有其他好吃的荞麦面了,要是这样,这家店本身就算不上荞麦面店。其次,新荞麦一直以来都是指"秋新",也就是从 10 月末到 11 月间上市的本州荞麦。9 月上市的是北海道的北早生荞麦❶。要是这么说的话,春天种下的荞麦在 7 月收获,那时候就该贴上"新荞麦"的宣传画了。另外,在南半球的与日本季节正好相反的塔斯马尼亚也在向日本出口优质荞麦。世道真是变了啊!

一边想着这些,一边提着购物袋爬坡,走到家门口已是大汗淋漓,不由得情绪也变坏了。这时,在入口的快递小哥把我叫住,说有我的冷冻快递。快递是北海道的朋

---

❶　基于尽早收割的目的,20世纪30年代前后从北海道的主要品种牡丹荞麦选拔出来的新品种,并成为主流,现在占北海道荞麦播种面积的90%。

新荞麦一直以来都是指"秋新"，也就是从 10
月末到 11 月间上市的本州荞麦。

友寄来的。匆匆拿进房间打开一看，里面是一张写着"石
臼挽（石磨）打夏新"的便签和撒满了荞麦粉 ❶ 的荞麦。原
来，破颜一笑就是这么回事啊。这位朋友以前就热衷此事，
好像最后还在家里自备了石磨。用石磨慢慢地磨，温度不
会上升，这样荞麦的香味就不会跑掉。真要好好感谢朋友
啊……明天我就给朋友寄去明石的烤星鳗吧。

　　与外甥女在阪急六甲站见面，穿过有 800 年以上历史
的八幡神社沿坡而下。有极好的西餐店在这一带建了似是
漫不经心的分店。用我老伴儿的话说，这里大部分店的西
餐水准都比赤坂的有名西餐店要好很多。一般而言，从六
甲到御影、冈本以及芦屋一带，西餐的水平都很高。不过
今天晚上不吃西餐，无论怎样，也必须焯荞麦面啊！可请
荞麦店帮忙怎么也说不过去，割烹的气氛也不对。于是我
想起了一位喜欢面食的主厨开的店。这位主厨尽管自己不
擀制面条，但从各个地方收集乌冬面、荞麦面和意大利面，
并做成料理。而这家店的主打菜却是贝类料理。

❶　防粘用，一般使用荞麦籽最初磨出的黏性较小的粉末。

荞麦漫谈

把荞麦递给店家后坐到吧台前没多久，主厨就送上了醋拌秋葵和蘘荷以及煮白贝。和白贝长得很像的海螺，因其唾液腺中含有乌洛托品而存在食物中毒的风险，但是白贝却不必担心。这种贝被称为"越中白贝"，在金泽一带经常食用。不过听说在其名字由来的富山（越中）却是捕捞不到的。白贝的肉和肝都很好吃。关于酒，我在这家店一直都首选清爽的白葡萄酒。今天尝尝新西兰马尔堡❶的白苏维翁❷。

"最近很时髦的荞麦面店多了起来。原本荞麦面馆就像酒馆一样吧？"

东京的下町还有这样的老派面馆。早期的荞麦面馆还有烤海苔、鱼糕片❸、蛋卷、烤鸭等菜肴，再配上辣口的日本酒，是普通老百姓休闲的好去处。但是从泡沫经济时期起"手擀荞麦面＝高级＝时尚"的风气开始流行，也多了

❶　位于新西兰南岛北端，新西兰最大的葡萄酒产地。

❷　原产法国的葡萄品种，新西兰的白苏维翁有着菠萝、芒果等熟透了的水果清香。

❸　itawasa，鱼糕片，是一种日本料理，将鲷鱼等白身鱼做成鱼糕，切成薄片，像吃生鱼片一样，蘸上芥末和酱油食用。

> 荞麦并不含能产生面筋的蛋白质。如果想提供
> 筋道滑溜的荞麦面，毫无疑问都要使用黏合用
> 的麦粉。

不少怪异执着的店家。大体而言，这种店基本上都是有点儿瞎胡闹的。一家有名的荞麦面馆特别自豪自家面的筋道，我就问这里的筋道是否指吞咽时的滑溜劲儿，店家回答说不是，而是指"硬"。各种面的筋道劲儿当然是指吞咽时爽口的黏稠感，这种感觉来自大麦和小麦包含的蛋白质的一部分与水发生反应后产生的谷朊（面筋）。可是荞麦却并不含这种蛋白质。如果想提供筋道滑溜的荞麦面，毫无疑问都是使用了黏合用的麦粉。真说不定这家店就没有分清楚筋道和硬度的区别，而把没煮熟的荞麦面假扮成特色荞麦面了。

"是面筋啊。嗯，那么为什么要往乌冬面粉里加盐呢？"

这是因为放了盐后面筋的结构就会绷紧，面坯就会增加弹性。用锅煮过后面筋容易被破坏，为此才有必要在煮之前认真地处理面坯。

"那为什么意大利面是在煮的时候放盐呢？"

这有两个原因。首先盐可以发挥入味的作用。意大利面的原料硬粒小麦本身就含有很多可转化为面筋的蛋白质，因此在制作面坯的过程中即使不加盐也会很筋道。但如果这样面会索然无味，所以加盐入味。其次则是日本特有的原因。正如在 1 月说过的，日本是一个软水的国家。面筋用硬水煮不会被破坏，而用软水煮则会被破坏，也就

更谈不上筋道了。为了避免这种情况，就需要加盐以模拟硬水的状态。因此，在日本如果要做好吃的意大利面，其秘诀就是热水中加入大量的盐，煮好后用热水洗掉盐分。当然，用依云和维泰勒等硬水就没问题，不过这样成本也就高了。这个结论是在西西里和日本用同样的意大利面（干面）进行实验后的"结果"。

"可是，荞麦的名产地藏王、开田高原、户隐等，都是在山上。这是不是和气温有关系啊？"

荞麦的生长一定要有凉爽的气候。从这个意义上看，山地是比较适合的。此外，还有人会说必须要比较贫瘠的土地，其实应该说在贫瘠的土地上也可以生长。贫瘠的土壤是指缺少植物生长所必需的成分——如磷酸、钙、氮等——的土壤。日本是火山国家，从火山喷出的火山灰形成的土壤中，铝和磷酸强烈结合，植物无法从土壤中吸收磷酸。因此，火山性的土壤一般不适合栽培农作物，但是荞麦却可以生长。总之，气候和土壤条件成为主要因素，所以火山地区（图9-1）多从事荞麦的栽培。

"但是日本有很多火山吧，到底有多少座呢？"

活火山大约有110座。地球上约有1500座活火山，所以日本占了大约7%。可是日本的国土面积只占地球表

火山性的土壤一般不适合栽培农作物，但是荞麦却可以生长。火山地区多从事荞麦的栽培。

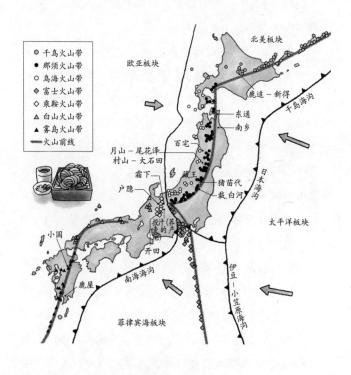

图 9-1　日本列岛的火山与荞麦产地

159

面积的不到 0.1%。

"日本的火山这么密集啊！那要是把休眠火山和死火山也加进去岂不都是火山了？"

以前人们把仍在活动的火山称为"活火山"，把没有活动但有过活动记录的称为"休眠火山"，把没有活动记录的称为"死火山"。但是，火山的寿命远比人类的历史要长得多，因此用有无活动记录来作为判断火山活动的标准是完全不合适的。现在，我们把仍在活动中或大约在一万年以内曾经喷发过的火山称为"活火山"，但不使用"休眠火山"和"死火山"这样的说法了。最新地质时期的第四纪（约 260 万年前至今）中活动过的火山在日本有 400 多座，当然，这些火山完全有喷发的可能性。

"就算这样，日本列岛的火山排列也很整齐啊，好像与板块俯冲的海沟并排而行。火山为什么会排列成这样啊？今天就请您好好给我讲讲吧！"

好吧，那我就下决心讲吧。就在这个时候，眼前上来一碗木碗煮❶。如果我没猜错的话，首先必须把这个享受掉

---

❶ 广义是所有用木碗承载的料理，均被称为碗物；而狭义则是包括怀石料理在内的日本料理中的木碗煮菜，从出汁到时令菜乃至碗的选择，都能显现出料理人的技法、审美甚至个性。

　　现在，我们把仍在活动中或大约在一万年以内曾经喷发过的火山称为"活火山"，但不使用"休眠火山"和"死火山"的说法了。

才行，这会儿可不是讨论熔岩的时候。

鲍鱼漫谈

　　"原来是山药汁啊。可怎么这么香呢？为什么会有大海的香味呢？是因为加了海带吗？"

　　这是鲍鱼山药汁。鲍鱼用盐认真搓揉后会变得硬邦邦的，然后用磨菜板磨成粉末状，再和山药放在一起用碾磨棒打磨成汁。做法简单至极，但却是绝妙佳品。我问了主厨，据说是盘鲍螺，这可是鲍鱼中的王者。主厨马上端上鲍鱼生鱼片，由于配菜是颜色不同的肝，所以生鱼片应该是用了两只鲍鱼。

　　"筋道的口感真棒，并且余味十足啊。这边这个稍微有点软的味道发甜……"

　　确实，生鱼片好像是盘鲍螺和日本鲍螺。区分出两种鲍鱼的外甥女让主厨很是高兴，于是给外甥女看了鲍鱼壳。盘鲍螺的壳是黑的，壳有点鼓且呈圆形的则是日本鲍螺。主厨还拿来了一个红壳的大鲍螺。人们经常会把盘鲍螺当成雄的，大鲍螺当成雌的。但实际上它们是两个种类。不过雌雄鲍鱼的肝，确切而言生殖腺的颜色是不一样的，绿色的是雌性，奶油色的是雄性。盘鲍螺和日本鲍螺适合做成生鱼片，或者切成大块做成浮在盐水上的水贝 ❶，而柔软的大鲍螺过火烹饪则会十分美味。

第一瓶白葡萄酒已经喝完了。我又点了一瓶夏布利（法国葡萄酒），但主厨告诉我密斯卡岱也很配今天的菜，想来是替我担心钱包吧……这种在卢瓦尔河河口附近酿造的葡萄酒一般都是与法国人自诩为世界第一好吃（我个人认为能登半岛的牡蛎是最好的）的卢瓦尔河牡蛎相配套的。其葡萄的种类是被叫作"勃艮第香瓜"的勃艮第原产品种，也不能说和夏布利没有关系。

"葡萄酒以后再找机会慢慢说。现在先集中吃鲍鱼。主厨，今天这么好吃的鲍鱼是从什么地方捕捞的啊？是从《万叶集》❷就开始出名的伊势吗？"

嗯，真是知识渊博啊。的确，"单相思海岸之鲍"这一说法的出处，即《万叶集》的咏歌中提到的就是伊势。

❶　一种鲍鱼料理，也是生鱼片的一种，将生鲍鱼用清水洗净，处理干净后切成块，放入凉水或与海水盐分差不多的盐水内使其漂浮。再配上冰以及装饰用的黄瓜等薄片，空口或蘸上酱油、味醂等食用。

❷　《万叶集》，7世纪后半期到8世纪后半期编制的日本现存最古老的和歌集，收集了从天皇、贵族到下级官员等的和歌约4500首，大致编写于759年以后，是日本文学一级史料，作为方言学的资料也非常珍贵。

盘鲍螺和日本鲍螺适合做成生鱼片，而柔软的大鲍螺过火烹饪则会十分美味。

可是，今天的鲍鱼来自隐岐。隐岐和竹岛、济州岛都可以捕捞到优质鲍鱼。鲍鱼吃藻类，因此优质鲍鱼的生长离不开优质的藻场。总之，正是适宜的日照和水温以及多石海岸养育着鲍鱼。上面提到的这些岛由于是火山岛，因此海岸岩石发达，黑布昆布、腔昆布、爱森藻等这些鲍鱼喜爱的食物形成了藻场。

"是嘛，隐岐的岛和济州岛也是火山岛？我可不知道……刚才我说日本列岛的火山如同与海沟平行一般，您也点头了。可是，在这些远离海沟的海洋中，火山是怎么出现的呢？"

那就说说岩浆的事儿吧。

两种俯冲带火山——岛弧火山与弧后火山

日本列岛的很多火山都是板块俯冲到约100千米—150千米的深度时形成的。如图9-1所示，列岛平行排列着几个火山带。如果按照板块俯冲的角度来区分，可以分为两种火山带，一种是与太平洋板块的俯冲相关联的"东日本火山带"，一种是与菲律宾海板块俯冲相呼应的"西日本火山带"（图9-2）。这些火山因为是弧状列岛的一部

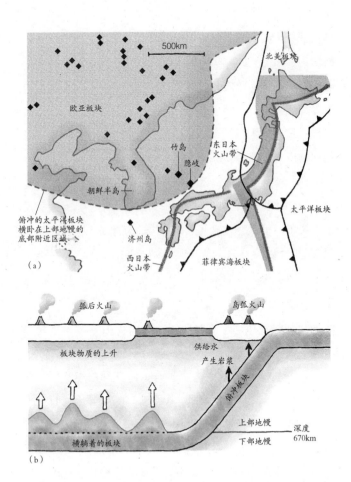

图9-2　岛弧火山带（东日本火山带－西日本火山带）与弧后火山

日本列岛的很多火山都是板块俯冲到约 100 千米—150 千米的深度时形成的。

分，因此被称为"岛弧火山"。

"板块俯冲到一定的深度就会形成火山，这挺有意思的。这里面的奥妙您知道吗？"

要说知道那还真是知道哦。强调这一规律在地球上很多俯冲带都能发现，并且建立了可很好予以解释的理论模型的正是我本人。

"啊！？舅舅好厉害呀！是什么模型啊？"

板块是由海底大火山山脉，即海岭形成的，此时海水会被熔岩加热变成温泉状态。由于这种热水向地下渗透与岩石发生反应，于是板块就包含了大量的水分，就像吸了水的海绵。这样的板块向地幔俯冲时，就会被周围使劲儿地挤压。如果挤带水的海绵，水当然会溢出来。和这个道理一样，在俯冲板块中也会发生同样的现象。从板块及其上面的地幔的矿物质可以推测，水从板块周围被挤压出来的深度大约在 100 千米—150 千米（图 9-2b）。

"嗯……为了调查这些，就要用上次您带我看的那种大型机器，叫压力装置吧？"

要这么说，外甥女最近有一次突然来到我的实验室，说顺道来看看。

"但是很奇怪啊，即使水会从板块里被挤压出来，但

165

也不至于能熔化石头吧？相反，应该可以浇灭熔化的石头……"

原本，熔化是指原子和分子整齐排列的固体转变成原子和分子可自由运动的液体状态。当然，凭借直觉可以知道，如果加热，温度上升，原子、分子就有了能量，并开始运动，即物质会熔化。另外，如果压力下降，也就是说即使地球中的物质增加，也会变得易熔化，这是因为压力下降可以创造出原子、分子旋转运动的空间。此外，还有一种让物质更易熔化的方法，就是加水（准确而言是H_2O）。水具有粉碎、分裂结晶结构的特性，最终可以切断原子、分子之间的联结，使其旋转运动。

"是嘛……水的性质真是有意思啊！要这么说，我看到报纸上说过，美国为了抽取页岩气，会往地下打眼注水产生地震，这是因为水让岩石层变得易裂吧？"

联想得很不错。在太阳系的行星中，板块构造仍在继续活动的只有地球，其原因就在于水的存在。由于地球表面存在液态水，所以岩盘会不断分裂产生大断层，而板块则沿着断层或俯冲，或诞生。

"我知道日本列岛的火山可以用您的冪模型分析，但是隐岐和济州岛呢？这一带板块不是已经在吐水了吗？"

地球表面存在液态水，所以岩盘会不断分裂产生大断层，而板块则沿着断层或俯冲，或诞生。

　　实际上不仅仅是这些岛，在日本列岛的凹面还存在着巨大的火山带。这个火山带从朝鲜半岛一直延伸到亚洲大陆的深部（图 9-2）。这些火山在岛弧的凹面，因此被称为"弧后火山"。而且我们已经知道在这些火山的下面，已经俯冲的太平洋板块横卧在 600 千米—700 千米以下的地方。

　　"横卧？就是说板块已经不会再往下俯冲了吧？板块因为比周围的物质重所以下沉，但到了某个地方后，好像就不再如此了。啊，明白了，是周围变得重了吧？地球的中心压力非常高，对吧？"

　　很赞赏理科女生的联想力。形成地幔的矿物质在到达 670 千米深度时，密度会发生很大的变化。因此，板块俯冲到这里后（上部地幔和下部地幔的交界处）就无法再往下突破，而是浮在这一深度上。这种横卧下来的板块中比较轻的部分上升后，如前所述，压力会下降，也就更易于熔化，由此也就产生了成为弧后火山基础的岩浆。或者也可以是横卧的板块自身逐渐变热而熔化。

　　"总算是明白了！这种横卧的板块中一部分物质上升，就是前面说的日本海扩大的原动力吧？"

　　完全正确！请读者再看一遍图 2-4b。

　　"可是我不知道在亚洲大陆的内陆也有大量的火山。

是不是也有像富士山那样规模又大、形状又好看的火
山呢？"

在这些火山中，尽管也有像中朝边境上海拔近3000
米的长白山那样的高山，但一般而言弧后火山无法形成那
么高的山体，即使是大型火山，大多数也是熔岩流扩散的
类型。

"去济州岛度蜜月的很多，济州岛是一个好地方吧？"

韩国最高山峰汉拿山（海拔1950米）位于济州岛的
中央，是世界自然文化遗产。受到对马海流❶的影响，济州
岛气候温暖，自然也是鱼类和贝类的宝库。当地的鲍鱼
粥是令人难以忘怀的佳肴。此外，比起鹿儿岛的巴克夏
猪种，济州岛的亚洲黑猪与冲绳的阿古猪更接近，也非常
好吃。

在话题又回到鲍鱼时，蒸鲍鱼端了上来，与用黄油粉、
日本酒和酱油做成的肝酱汁可谓绝配。过了火且上了味儿
的大鲍螺也十分美味。

今夜宴席收场的当然是荞麦面了。尽管不是荞麦面店，

❶　通过对马海峡进入日本海的暖流。——编注

蒸鲍鱼与用黄油粉、日本酒和酱油做成的肝酱
汁可谓绝配。

却做出了充满味酥香味的荞麦面露汁。听说原来荞麦面就
是要配这种味道浓厚的面露汁。可不知从什么时候开始，
荞麦面变成了放在碗或蒸屉上，再加上紫菜，就涨价100
日元左右的高级品。不管怎样，能够品尝到用刚割下来的
荞麦、刚碾好的面粉、刚擀好的面条和刚煮好的荞麦面，
完全是热衷于此的朋友所赐。再次遥谢北方的友人！

　　尽管已经撑得不得了，厨师又端上来了熏制的鲍鱼薄
片。应该是大鲍螺，但经过熏制后非常爽口，且余香悠长。
主厨之所以用这么好的料理来消磨时间，是有其理由的。
"最后请尝尝这个吧！"主厨端上来的杯子里的酒中漂浮
着磨光的冰球，从香味马上就知道酒是荞麦烧酒，但冰球
是什么做的就只有等它融化了才能知道。居然是用荞麦面
汤冻成的！所以花了一些时间。鲍鱼让我们充分感受了岩
滩的气息，荞麦让我们尽情享受了山野的芬芳，主厨的款
待真是大方有加啊！

松茸与栗子

——列岛的脊梁：花岗岩

从美食感受秋之味

今年又是诺贝尔奖之年。去年，高中的师弟因发现
iPS 细胞获得了医学奖 **❶**，为此我也倍感荣幸。今年，希格
斯先生获得物理学奖可谓众望所归**❷**，而被视为文学奖有力
候选人的日本作家落选却多少令人感到遗憾**❸**。当然，我对
文学不是很熟悉，也没有读过海外作家的英文原版书籍，
没有资格对这个奖项指手画脚，只是想当然地觉得，和一
直受日本读者喜爱的私小说**❹**相比，风格截然不同的西洋小
说应该更容易获得诺贝尔奖。

这位作家作品中有的题材来自爱尔兰和苏格兰威士忌
的家乡。我也曾去过作品里的地方，皮特洛赫里草原与广
阔的大海和天空可完全不像作品里那样优雅。在我的印象

---

❶ 此处指的是日本京都大学教授山中伸弥因发现诱导性多能干细胞
（induced pluripotent stem cells，简称iPS）而与剑桥大学博士约
翰·戈登一同获得2012年的诺贝尔医学生理学奖。——编注

❷ 彼得·W.希格斯（Peter W. Higgs）和弗朗索瓦·恩格勒（François
Englert）因为解释粒子如何获得质量的理论而共同获得2013年诺贝尔
物理学奖。——编注

❸ 这里指的是2013年入围诺贝尔文学奖的日本作家村上春树，而当年的
奖项颁给了加拿大作家爱丽丝·门罗。——编注

❹ 日本近代小说常见的，是用作者亲身经历做题材的小说。

> 美作地区的桃子和草莓很有名，秋天的山珍是
> 什么呢？前辈终于告诉我说是松茸和栗子。

里，苏格兰是灰色的。那里的景色开始浮现于眼前。猛然想起来在浓雾弥漫的草原上发现了"仙女环"。小小的蘑菇围成一个圆圈生长，这是被称为"菌轮"的现象，孢子附着在地上后，菌丝以放射状向外延伸，可以发现其最外端的子实体（蘑菇），这就是"仙女环"。我也听说过松茸是在赤松周围排成圆形的。如果能发现松茸的圆环，一定是幸运之极的事情。

几天后，接到在冈山悠闲度日的前辈打来的电话，说送给我的秋季美食已经寄出来了。前辈说是在去美作温泉的时候，从山主（有自家山地的人）老友那儿得到的山珍。美作地区的桃子和草莓很有名，秋天的山珍是什么呢？……在我的反复追问下，有点儿吊我胃口的前辈终于告诉我说是松茸和栗子。这可真是大事，如果山珍明天送到，松茸明天不吃掉，其香味就会消退。而栗子如果不用水浸泡一晚就不会软，皮也不好剥。不过，还是想与家人一起享受松茸和栗子。遇到问题就找专家，于是打电话给木屋町的主厨。主厨刚从龟冈打完高尔夫回来，他说，虽然高尔夫的成绩没什么长进，但是球场遍地落栗，心情大好。当听说我是为了栗子的事打电话，主厨说用热水煮上2—3分钟就会比较好剥。那好吧，明天正好是周六，好

久没有下厨房的我就亲自掌勺吧。当然,必须邀请外甥女。要不然她会因为没吃到松茸而唠叨一辈子的。

第二天, 让老伴儿在家里等快递, 我一大早就出门采购了。先去鱼店问有没有土瓶蒸必不可少的海鳗和虾, 发现店里摆放着漂亮的角木叶鲽, 当然是明石产, 且是口感最好的马上要产卵的那种。今天的生鱼片就用它吧。因为要烤松茸,所以必须用炭。那就顺便也做一道照烧❶海鳗吧。当然, 也看上了蓝色"眼影"的红叶鲷, 不过还是冲这条鲷眨了眨眼, 等下次吧。

还想稍微尝尝松茸的寿喜烧, 于是又到肉店买来神户牛。然后到菜店买齐了银杏、鸭儿芹、虾夷葱、洋葱等。而用什么绿叶菜做寿喜烧有点儿犹豫。菜店里还放着一般都要用到的白菜和春菊, 但这些都不是时令菜, 于是看上了尽管是露天栽培却也新翠欲滴的小青菜, 今天试试这个吧。土瓶蒸也想用用生麸(面筋), 没办法, 又去转了一圈超市。酒就用一直喝的滩生酛本酿造。在这一带的超市里, 这种酒都是纸盒包装, 真是帮了大忙。

---

❶ 日本料理方式的一种, 用酱油为主的甜味酱汁边涂鱼或肉等食材边烧烤。酱汁中糖分不同, 使食材表面的亮度也有所不同。

松茸三昧

前辈送来的山珍可谓极品，让我不觉诚惶诚恐。有 4 颗花蕾还没有把"伞"撑起来的松茸和 30 颗颜色、形状都极好的超大栗子。本想查查到底值多少钱，但一想真知道了反而会更不好意思，所以就忍住了。

按照主厨教的方法煮了栗子，皮果然很好剥。用糯米和白米加上味醂拌好，栗子饭的准备工作就做好了。剩下的栗子大概又煮了一个小时，等着自然变凉后切成一半，取出栗子肉用滤网碾成粉末状，加入砂糖水充分搅拌使其润滑，再用茶巾布包起拧成糕点的形状，奢侈的甜点就做好了。

在自己家做菜不用特别考虑上菜的顺序，因为大厨自己也想吃。今天在等着土瓶蒸做好的时间里，我们用日本酒刨冰和角木叶鲽的生鱼片开启了晚餐。日本酒刨冰是上野薮荞麦的招牌之一。将酒放入冰箱冷冻室、在冰点以下（零下 10 摄氏度）冷冻，再将其倒入冰镇玻璃杯中，就是呈刨冰状态的酒了。酒凉凉的口感可以很好地使食客品尝出角木叶鲽生鱼片的香味。之后土瓶蒸也完成了。

"真是美妙啊……令人陶醉。这种香味也只有国产松茸才有吧？"

　　日本国内每年收获不到100吨的松茸，现在只能从中国、朝鲜半岛、北美甚至土耳其、北欧进口了。但是，进口的松茸鲜度会下降。此外，出于防疫的考虑，进口松茸不能带土，所以必须洗净。这样，香味没了也是没办法的事情。有些进口松茸为了补充香味，还会在摆上柜台时撒上松茸醇。

　　"这算什么事！这不是明目张胆的欺诈吗？不过，松茸醇是什么啊？"

　　松茸香味来源于由日本科学家抽取成功的被称为"松茸油"的一种酒精。而作为精油的"松茸醇"则毫无疑问是人工合成的。

　　下面一道菜是烤松茸。为了在烤制过程中不让松茸的香味跑掉，最好包上锡箔纸烤。但是今天，本来就想让房间里充满松茸的芳香，所以特地用了最简单的方法。把松茸迅速烤一下，配上橘醋享用，面对有些特别的薰香和脆生生的口感，我们已经完全无语了。更加确信，这对于常温日本酒而言绝对是极品之一。我们还试着将放了一片松茸的酒加热，做成与河豚鳍酒齐名的松茸酒，也是一种妙不可言的感觉。

> 松茸衰退的最大原因之一是森林的富营养化，
> 松茸喜欢缺乏营养且干燥的花岗岩质的土壤。

在陶醉完松茸的幽香之后，把烧烤网撤掉，开始做照烧海鳗串。和盛夏比起来，这个季节的海鳗油脂更多，海鳗肉的香味甚至不逊色于裹在外面的涂料。

"松茸是寄生在赤松上的吧？由于经济不断发展，赤松减少，所以松茸才越来越难采到，是吗？"

不是这样。松茸衰退的最大原因之一是森林的富营养化。

"就是说，并不是营养丰富松茸就会茁壮成长，相反，贫瘠的土地比较好？"

松茸喜欢缺乏营养且干燥的花岗岩质的土壤。因此，树叶和树枝落到地表形成的腐叶土并不适合松茸的生长。以前住在农村的人们会到森林去拾落叶，把它们当肥料，将树枝当燃料。但是随着化肥的普及以及燃料和能源的多样化，森林的通风和日照情况逐渐变差，腐叶土厚厚地堆积在地表，因此松茸的收获量不断减少。雪上加霜的是象鼻虫的蔓延。这种害虫是被称为松材线虫的来自北美的外来种，它们一旦落到松树上，松树叶就会变红，松树会随之开始枯萎。精心守护的赤松林一旦被毁坏，重新造林、种植新赤松林的可能性也随之减退。

"真是不容易啊！一下子享用了这么多的松茸都觉得

不好意思了！那么，松茸的人工栽培是不是也在研究之中呢？"

当然，尽管像香菇那样利用原木和锯末等菌床进行栽培的办法还没能实现，但科学家们正在研究培育可形成菌轮的科学方法。日本山地森林的健全环境养育了日本食文化，在清醒地认识到这一点的基础上，对它们加以保护和扶植也是我们的责任。

花岗岩是如何形成的？

"可是刚才您说过，花岗岩的土壤适合松茸。而这个'滩五乡'的酒之所以好喝也是拜铁分少的花岗岩所赐吧？真应该感谢花岗岩，日本列岛有很多花岗岩吧？"

日本国土中的大约一成是花岗岩。如果再加上受到削凿等变成砂石等固体（花岗岩质砂岩）的部分，覆盖的面积还会增加。花岗岩可谓日本列岛的脊梁。而花岗岩和赤松的分布几乎完全一致。和日本酒一样，松茸也是日本列岛的花岗岩赐给我们的礼物。

"为什么日本列岛有很多花岗岩呢？您不是说过板块俯冲产生的是玄武岩吗？玄武岩岩浆变成了花岗岩？"

> 花岗岩可谓日本列岛的脊梁。松茸则是花岗岩
> 赐给我们的礼物。

　　的确，像日本列岛这样的俯冲带，从板块中"挤出"的水会熔化板块之上的地幔，从而形成含50%左右二氧化硅素的玄武岩质岩浆。这种岩浆冷却后，产生了比岩浆二氧化硅成分更少的结晶并逐渐固化，因此二氧化硅成分被浓缩到液体部分里。于是，才有可能从玄武岩质岩浆中形成二氧化硅素含量达到70%的花岗岩。但这种情况下，会留下花岗岩九倍数量的岩石（结晶化的固体）。很难想象日本列岛的地下会存在如此大量的岩石。那么，这时想到的就是板块熔化的机制。

　　"板块熔化产生岩浆？好像什么时候听您说过……想起来了，是纪伊半岛的破火山口和花岗岩吧？因为日本海扩大，致使日本列岛南下，并插到刚刚形成的炙热的板块上，而这个板块熔化了。"

　　是的，比一般板块要热的板块下沉后，板块中的玄武岩质海洋地壳熔化，并形成花岗岩质的岩浆。

　　"是啊是啊，剩下的固体就和板块一起被运到了地球里，真是再合适不过了。多少有些消灭证据的感觉啊！"

　　怎么说呢，外甥女的这种比喻还是可以勉强接受的吧。毕竟，这还没有被完全证明。

　　"那么日本留有这么多的花岗岩，是不是说像日本海

这样的地质现象出现了好多次呢？但要是这样就有点奇怪了，毕竟只有一个日本海啊！"

问到了问题的实质。日本列岛的很多花岗岩都是恐龙漫步地球的白垩纪，即大约 1 亿年前形成的。但是，当时并没有发生日本海扩大这样的事。同时，很多证据显示，海岭俯冲到了日本列岛的下方。板块因海岭而生并逐步扩大，越靠近海岭，板块越年轻，也越热。也就是说，海岭靠近日本列岛时，沉降板块温度会升高，变得容易熔化，由此产生了大量的花岗岩。

"海岭靠近……那个形成海鳗巢穴的石头，叫什么来着……对，三波石？这和形成变质岩的时间一样吧？"

外甥女比起任何地方的研究生对日本列岛和地球变动的事情都更熟悉了。海岭俯冲导致从地下深处送来了三波川变质带的岩石，也形成了日本列岛脊梁的花岗岩。

"以前我也觉得好像是被骗了一样，海岭移动并逐渐俯冲，绝对是奇怪的事情！板块运动是因为涌到海岭下方的地幔产生的对流，这种对流下降就是俯冲带吧，我就是这么学的啊。对流涌出口会下沉，怎么想也是怪兮兮的！"

用得着这么刨根问底吗……来尝尝神户牛和松茸这两

在关西，寿喜烧就是烧烤，因为不使用锅，所
以最后不用佐料汁。

样极品做的寿喜烧吧，也能冷静冷静。在关西，寿喜烧就是烧烤，因为不使用锅，所以最后不用佐料汁❶。用牛油一边烤肉，一边放入砂糖和酱油。然后放蔬菜出水，再加上酒，最后是放入其他的各种配菜。今天是在小青菜过火后放入了松茸。考虑到女士们会喜欢喝红葡萄酒，所以开了瓶基安蒂（chianti-classico）。这种葡萄酒因为其名字而容易被误认为是托斯卡纳葡萄酒中的基安蒂酒的古酒，但实际上并不一样。只有使用托斯卡纳地区佛罗伦萨近郊丘陵地带种植的葡萄，并用传统方法酿造的才可在酒名中冠以"古典"二字。葡萄中桑娇维塞的比例较高且精心酿造的美酒众多，当然，与寿喜烧也十分相配。

板块为何会移动？

必须得解答外甥女的问题了。覆盖在地球表面的十多个板块运动产生了各种地壳运动和火山运动。这是板块构造运动的关键。那么促使板块运动的原动力是什么呢？的确，如外甥女在高中所学习的，很多情况下会归因于地幔

---

❶　日文称"割下"，是日本料理中常见的基本调料。

的对流。地球的内部温度很高，核心部分高达5000摄氏度以上，由石头形成的地幔的底部也超过了3000摄氏度。同时，由于地球表面的平均温度不到15摄氏度，因此地球存在着极为悬殊的温差。大自然不会容忍这种不均衡的，会尽力达成温度均衡的状态，所以地球内部会向地球表面输出热量。

"啊，的确在小学学习过，传导、辐射、对流什么的。本想说熔浆做的石板可以烤制美味牛排，那么同样石头形成的地幔也会在热传导中发挥主力作用，但因为是地幔对流，应该会不一样吧？"

熔浆石板最多也就2厘米—3厘米厚。而地幔则厚达2900千米。在这种距离下，与其通过传导来传递热量，地幔一般通过将热且轻的物质向上输送来传递热量。这就是地幔对流。这种地幔对流的上升流域形成海岭，下降流域则形成俯冲带。这就是上面提到的理论。

如果这个理论正确，那么海岭和俯冲带的位置关系就是由地幔对流的大小来决定的。地幔的厚度是固定的，决定对流性质的温度相对而言也不会发生太大的变化。因此，可以认为对流的大小基本上也是一定的。也就是说，海岭和俯冲带的距离应该是相对固定的。但实际上，海岭不断

地表与地下悬殊的温差造成了地幔对流现象，并由此形成海岭和俯冲带。

移动并产生俯冲，这样的现象在地球的历史中曾多次发生。即使在今天，南美智利沿海也正在发生同样的现象。

"什么！现在还真的有海岭在俯冲啊！刚才您说了，那么，板块为什么会动呢？"

板块俯冲和下沉是因为其比周围的地幔更凉、更重。当板块俯冲时，其状态就像在餐桌布下垂的部分绑上重物一样。在这一部分动力的作用下，地表附近的板块也会受到拉扯力的作用，以致板块会在海岭处裂开。而地幔物质会往裂开处上升，就像填缝一样，由此产生岩浆并形成新的板块。正如在 9 月中说的，物质上升时，换而言之压力下降时，会易于熔化。板块会移动，而重量越大，也就是说俯冲的板块体积越大，板块的运动速度也就越快。如图 10-1 所示，板块 A 下沉的板块量较多时，海岭会向着板块大量俯冲的 α 地域以 a-b 的速度移动，并最终也会俯冲。

"嗯，我理解海岭俯冲和板块为何会运动了。但是，这些都是在板块构造运动开始以后才出现的吧？板块构造运动是什么时候开始的呢？"

46 亿年前，诞生了由宇宙中漂浮的微小物质集合而成的地球，板块构造运动则开始于大约 38 亿年前。其证据存在于北极圈的格陵兰岛。比如，板块诞生的海岭下所特有的构造和岩石，板块俯冲时累积在海沟里的泥沙等附着在大陆一侧斜面而形成的特殊地质构造等。当然，这些地质构造也表明在板块构造运动开始的同时就存在着海洋。也就是说，地球上出现海洋与板块构造运动有着密切的关系。此外，在这一地区同时代的地层中还发现了地球最古老的生命活动痕迹。

"是嘛，我对格陵兰岛的印象是一个冰雪覆盖的寂静大地，原来这里也是探索地球进化的重要场所啊。水和生命的关系多少明白些了，但水和板块构造运动到底有什么关系呢？水是从哪里来的？为什么只有地球是有水的行星呢？"

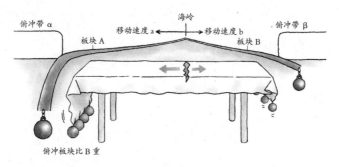

图 10-1　板块运动海岭俯冲的机制（桌布学说）
如果移动速度 a ＞ b，那么海岭则以 a−b 的速度向俯冲带 α 的方向移动

地球上出现海洋与板块构造运动有着密切的关系。

今晚是不是就到这里吧。我又买菜又做饭，可是有点儿累了。

外甥女对知识不知疲倦的渴求，在最后一道菜栗子糯米小豆饭上来后终于结束了。没有像长野善光寺前的店家那样给栗子做各种事前准备工作，也根本不用篜屉蒸而是用电饭锅代替，因此也就使栗子原来的松软热乎感和糯米蒸饭的黏稠度都有所欠缺，但是，栗子的鲜味足以弥补这些。再提一句，适合栗子生长的也是花岗岩，和松茸一样，栗子也是活动带送给我们的礼物。

栗子甜点和略浓的煎茶为晚宴画上了句号。在送外甥女去阪急六甲站的路上，偶尔仰望星空，天马座似乎正在扇动着翅膀。

薯烧酒与葡萄酒

——巨型破火山口与珊瑚礁

　　从东京往南约 1000 千米的西之岛开始火山喷发了
（2013 年 11 月 20 日）。这个属于太平洋板块俯冲形成的
伊豆 – 小笠原 – 马里亚纳弧的小火山岛的海面下潜伏着富
士山级别的火山。喷发后，坊间又在叫嚣日本的国土和领
海之广了。而我也希望读者注意到，这次火山喷发是这一
带海域正在形成"大陆"的现象之一（3 月），这片大陆
在不远的未来将和日本列岛相连。同时，一部分专家指出
这次喷发是大型地震的预兆，并有可能导致富士山的大喷
发等，可谓危机感爆棚。在诸如日本列岛这样的活动带上，
地震和火山喷发等频繁出现是很自然的。因此看以前的记
录就很可能充分预测到即将发生的事情。在这些概率较高
的现象之中寻求科学性的因果关系是没问题的，但超出逻
辑范畴的发言还是应该谨慎。

　　一边这么想着一边散步，偶然遇到了住宅区内默默经
营着晚餐吧厅的店主。这家吧厅环境优雅，菜肴可口。当然，
店家也很重视对酒水的挑选，对日本酒、葡萄酒和菜肴的
搭配十分讲究，蒸馏酒的品种也十分丰富。这都源于店主
旺盛的好奇心和勤奋学习啊。店主或许也看到了早上的新
闻，西之岛成了聊天的主题。但是像刚才说的，我对社会
上对这次喷发的反应多少有些厌烦，所以回答也有些敷衍。

> 雪利酒和葡萄酒是同一类，与葡萄牙的波特酒
> 一样，属于加烈葡萄酒。

　　可能是看出我的态度了，店主马上把话题转到了酒上。店里最近好像来了西之岛东边很近的母岛产的朗姆酒。的确，国产朗姆酒十分罕见。最近奄美的黑糖烧酒很有名，其原料是秀贵甘蔗，但用了米麹。名护（冲绳）朋友的酒厂好像不仅生产泡盛❶，还生产朗姆酒。因为罕见，所以我对国产朗姆酒也很感兴趣。但无论怎样，还是比不上正宗的加勒比海黑朗姆酒的独特风味。这样站着聊天正在兴头上时，开始掉雨点儿了。我答应店主最近去拜访，小酌后便匆匆回家了。

　　那么这个月就带着外甥女走进酒的世界吧。想起来了，11 月 1 日也是正宗烧酒和泡盛日啊。

秋鲣配薯烧酒——酿酒的原理与酒的种类

　　这家店吧台用的大椅子很不错，料理就全拜托店家了。在等着上菜的时候先来点餐前酒吧。今晚想以蒸馏酒为主，所以我点了添加利金酒的马天尼干威末酒（martini extra

---

❶　泡盛是琉球群岛特产的一种烈性酒，由大米蒸馏而得。1671 年首次出现于日本史料中，并沿用至今。——编注

dry），外甥女点了雪利酒。

"雪利酒就是西班牙的白兰地吧？"

很多人都会认为雪利酒和将葡萄酒进行蒸馏后的白兰地是同一类，但实际上雪利酒和葡萄酒才是一类，与葡萄牙的波特酒一样，属于加烈葡萄酒。在葡萄的发酵过程中如果加入白兰地等酒精度数高的酒，酵母就会停止发酵，但葡萄的甜味也会留下来，也就变成了糖度高的葡萄酒。将这种酒用称为索乐拉❶方式的独特方法进行熟成之后，就是雪利酒。

在轻酌慢饮之间，配着日本薯蓣❷的鲣鱼生鱼片端了上来，很佩服店家的季节感。现在正是鲣鱼从北边的大海回归四国和九州近海的最佳时节。说到鲣鱼料理，一定会想到"拍松鲣鱼肉"的食法，但是回归鲣鱼却不用这么麻烦。秋鲣❸鲜味浓厚，没有必要像处理初鲣那样把鱼皮烤一下来弥补鲜味的不足。栽培的日本薯蓣也开始进入应季季节了，

---

❶ 索乐拉（solela）是雪利酒的一种陈化方式，将橡木桶叠放，新酒从最顶部木桶灌入，陈酒从底部木桶抽出。——编注

❷ 类似于山药的一种蔬菜。

❸ 也称"回归鲣鱼"，南下的鲣鱼受低温海水的影响带有油脂，别有风味，一般在秋季食用。

> 现在正是鲣鱼从北边的大海回归四国和九州近
> 海的最佳时节。秋鲣鲜味浓厚，没有必要像处
> 理初鲣那样把鱼皮烤一下来弥补鲜味的不足。

与山药和大和芋相比，日本薯蓣的黏稠度和香味都可谓拔尖。蘸着芥末酱油的鲣鱼入口后，大海和山野的香味交错而至，于是赶紧又点了芋白酒。

"真香啊。甘美的香味四处飘散……但，芋白是什么？不是红薯吗？"

白是指白曲霉。最近使用琉球曲霉的薯烧酒多了起来，通过巧妙的宣传，这些烧酒越来越有人气。当然，每个人的口味不同，按照我个人的看法，芋黑❶人为地去掉了薯烧酒本来的香气。

"什么？白曲霉和琉球曲霉？这和日本酒用的米酒曲不一样吗？"

话到这里就必须讲一讲酿酒的原理啦。酒的源泉，即酒精是被称为酵母的微生物分泌的酿酶（zymase）将葡萄糖发酵而成的。如由于葡萄含有糖分，可以直接发酵为酒精，这种发酵方法叫"单发酵"。而米、小麦等谷类，以及薯类并不含糖分，因此为了变成酒，就需要把谷类包含的淀粉先予以糖化，其后再发酵为酒精，需要两个阶段的酿造工作。这种发酵方法叫"复发酵"。发挥糖化作用的是麦芽（啤酒）、

❶　用琉球曲霉酿造的薯烧酒。

酒曲菌（清酒、烧酒）和霉菌（黄酒、白酒）。这些酿造出的酒中，酒精浓度较低的（大约不到 20 度）叫"酿造酒"。而对其进行蒸馏，利用所包含的成分的沸点不同进行分离、浓缩的是"蒸馏酒"，将这些酿造酒、蒸馏酒以及其他成分进行混合的属于"混合酒"。世界上广为人知的各种酒按照这种标准进行分类可以更好地理解（表 11-1）。

表 11-1　酒的分类

种类	原材料	糖化作用	代表性酒类（原料）
酿造酒	糖分（单发酵）	—	葡萄酒（葡萄）、苹果酒（西打酒）
	淀粉（复发酵）	麦芽	啤酒（大麦）
		米麴菌	清酒（米）
		根霉	黄酒（糯米）
蒸馏酒	糖分（单发酵）	—	白兰地（葡萄）、朗姆酒（甘蔗）、龙舌兰酒
	淀粉（复发酵）	麦芽	威士忌（大麦、黑麦、玉米）、伏特加（黑麦等）、金酒（麦类、玉米）
		琉球曲霉、白曲霉、米麴菌	烧酒（薯、谷类）、泡盛（泰国大米）
		根霉	白酒（谷类）
混合酒	酿造酒	—	酒精强化葡萄酒、雪利酒、波特酒（葡萄）
	蒸馏酒	—	力娇酒、鸡尾酒、合成清酒
	其他	—	梅酒、波布蛇酒

酿造清酒使用的是米麴菌，这种菌被推崇为日本的"国菌"。

"您对酒果然十分熟悉啊。这个木鱼花真是好吃！和白芋真是绝配！"

啊，还必须说明酒曲的不同。酿造清酒使用的是米麴菌。这种菌被推崇为日本的"国菌"。不仅是日本酒，和食的传统材料味噌、味醂、酱油等的酿造也是用这种酒曲菌。薯烧酒原来也使用这种菌进行糖化。但这也是与腐坏做斗争的过程。其原因在于米麴菌无法生成防止腐坏的柠檬酸。为此，在酿酒中，会加入寄居在酒窖（蔵）中的乳酸菌（生酛酿造法），或人工添加乳酸菌。但是，在高温的南九州地区，即使这样也会时常出现腐坏的情况。

这个时候出场的救世主就是白曲霉。发现这种酒曲的是日本人。1924 年，当时的熊本税务监查局鹿儿岛工业试验场的技师河内源一郎，在酿制冲绳泡盛中使用的琉球曲霉中发现了它的白化变种❶，随后京都大学的北原觉雄教授对其进行分类并确定了其性质。这种菌和琉球曲霉一样可以产生柠檬酸，从而防止腐坏。由于不像琉球曲霉那样会变黑，所以处理起来比较简单。

于是，白曲霉就成为九州酿造烧酒的主要酒曲。不过

❶ 由于缺乏黑色素而白化的个体。

现在，由于防止腐坏的温度管理等方法已很成熟，所以好像用米曲菌发酵的薯烧酒也可以稳定生产了。米曲菌薯烧酒的味道用"圆润"来形容很合适。

"这三种酒曲酿的酒都想尝一尝啊，店主，让您费心啦。"

嚯！尝酒大会开始了。店主为了让酒香更好地挥发，拿来了品酒杯。四个杯子里分别倒入了同一家酒厂用四种酒曲酿造的薯烧酒，其中还包括浓厚香型的山芋曲霉。

萨摩芋和白沙台地 ❶

店主接下来给我们上的是炭火烧烤宫崎地鸡。这种鸡经过以前那位宫崎县知事像推销员一般的大力宣传，已经闻名于全国了。浓烈的口感加上炭火的焦香，使其与一般的烤鸡串有着天壤之别。宫崎县和鹿儿岛一样也是烧酒的产地，宫崎地鸡当然也和烧酒非常般配。

"萨摩芋，听名字似乎鹿儿岛是主要的产地啊？是不

❶　九州南部分布着的众多的由火山喷发物形成的台地，是典型的火山熔岩台地。

> 鹿儿岛温差大且气候温暖，在红薯生长期中雨水较多，再有，鹿儿岛的土壤是排水性能好的"白沙"土质，所以适合种植红薯，其产量占全国的四成，被叫作萨摩芋。

是鹿儿岛适合山芋生长啊？"

鹿儿岛的红薯产量约占全国的四成，当然有理由被叫作萨摩芋。首先，鹿儿岛温差大且气候温暖，而且在红薯的生长期中雨水较多。其次，还有一个重要的原因就是鹿儿岛的土壤是排水性能良好的被称为"白沙"（白沙堆积层）的土质。由于白沙地排水性能太好，所以不适合种植水稻，但对红薯却是利好条件。

"我听说过白沙台地。就是火山灰的台地吧？是从樱岛喷发出的火山灰吧？"

白沙是指在南九州广泛分布的由火山灰和轻石构成的堆积层（图 11-1），在鹿儿岛湾周边地区形成了广阔的台地。厚的地方有 100 米以上，在河沿岸会形成须仰视才可见的悬崖。这是由火山碎屑流堆积而成的。往往是巨大的火山喷发产生的烟柱无法承受其自身的重量而崩塌，其巨大的能量使得火山灰、轻石和火山气体浑然一体地流向地表，从而形成如此大规模的白沙堆积层。这种巨大的火山碎屑流可以轻松跨过海拔 1000 米级别的山峦，时速则接近 100 千米。

"啊，会有这么恐怖的事情！这是什么时候啊？"

大约 2.8 万年前吧。

图 11-1 白沙台地的分布

"如果是这么久远的事，那现在这股火山碎屑流的大部分已经被消磨掉了吧？喷发量一定很大吧？"

当然，是不是正确不得而知，据说大约有 2 兆吨的岩浆喷发出来。换句话说，就是地下积攒的 800 立方千米的岩浆一下子喷发了出来。

"800？九九八十一，八九七十二，就是喷发后会在地下形成一个 9 公里的立方体空洞？那么这上面就会塌陷吧，对了，这就是破火山口吧？"

的确，始良破火山口的喷发不仅形成了白沙堆积层，其引发的入户火山碎屑流还形成了面积相当于今天鹿儿岛湾的洼地，也就是始良破火山口（图 11-1）。

自然的磨难：一定会发生大型火山喷发

"形成破火山口时，会发生如此天翻地覆般的事情啊！那么，阿苏破火山口是不是也产生了火山碎屑流呢？"

比始良破火山口大一圈的阿苏，据说一共发生过 4 次大的喷发。其中最大一次产生了覆盖九州全域的火山碎屑流，其总量达到了 10 兆吨。

"您是说火山碎屑流是由于火山烟柱崩塌所致，那烟柱成为火山灰，会飞出很远吧？"

是的。根据对地层的调查，在形成白沙台地的始良破火山口喷发中，四国南部有 50 厘米的火山灰，从关西到中部地区有 20 厘米的火山灰，关东也有 10 厘米以上的落灰。

"鹿儿岛火山爆发，东京也落下 10 厘米的火山灰！这也太可怕了。再问下去已经感觉有些恐怖了，如果现在发生这么大的爆发，日本会怎么样呢？"

毫无疑问，日本就没了。这可不是耸人听闻。灼热的火山碎屑流一瞬间覆盖了居住着 700 万人以上的地区。50 厘米厚的火山灰落下的地区居住着 4000 万人。10 厘米厚的火山灰落下的地区则生活着 1.2 亿人。届时在这个范围内，交通完全瘫痪，自来水无法使用，输电断线和冷却水停止会导致没有电力。当然，农作物和森林也会受到毁灭性打击，其再生据推测需要 100 年。

"真的？您可别说这样的事儿最近就会出现啊！求您了……"

求我恐怕也不管用啊。可以确定的是，在过去的 10 万年间，这样的大规模爆发在日本列岛发生了十几次，而最近一次爆发是 7300 年前。7300 年前的这次爆发发生在

> 7300 年前的火山爆发发生在九州南方的海里，
> 导致南九州绳文人的灭亡。

九州南方的海里，火山碎屑流越过大海，到达了九州，导致南九州的绳文人❶的灭亡。

"啊……10 万年里十几次，这也太恐怖了吧！大约6000 年一个周期，可最后一次爆发是 7300 年前？这岂不是太糟糕了！"

当然，必须考虑到误差再讨论这个周期，但可以确定的是，什么时候出现大规模爆发都不奇怪。我们日本人已经被锁定了。

"真是的，梦想和希望都破碎了！那日本人应该怎么办呢？"

自古以来，生活在活动带的日本人始终与自然一体而生。今后将会发生的事情，除了部分绳文人之外，是我们从未经历过的磨炼。我们应该做的，恐怕是正面接受这一事实，觉悟于此并生活下去。觉悟不是放弃念想，也绝不是接受虚无和颓废。如果我们有了这种觉悟，就有可能果敢地找到尽可能减少灾害损失的方法和对策。

"真是这样啊，一定会发生直下型地震的东京，却集

---

❶　绳文人是日本绳文文化时代的人，绳文时代是日本旧石器时代后期，约1万年以前到公元前1世纪前后的时期。——编注

中了所有的设施。如果不认真思考对策的话……日本人真是'濒危人种'啊！"

外甥女的神情都变得有点怪异了。不过因为总是只提到活动给我们带来的恩惠，所以偶尔考虑一下磨难也没有什么不好。

葡萄酒与地质

有些消沉的外甥女一看到色彩鲜艳的熏制鸭肉，表情也为之一变。情绪转变得很快啊！与鸭肉搭配的菜是嫩煎的落葵和秋葵。喝什么好呢？一时间有些犹豫，还是点了红葡萄酒。

"我还没吃过这么好吃的熏鸭肉呢！肉质鲜美柔嫩、甜香浓厚！"

当然是这样啦。这道菜一定出自店主之手，是店主亲自用沙朗鸭熏制的。这种鸭是用上好的饲料在富饶的自然环境中饲养出来的法国头等名牌鸭。而且是用了窒息宰杀的方式，没有放血，所以鸭肉中包含很多铁分的风味。与一般的鸭相比，沙朗鸭肉色较深，是因为鸭血在体内的缘故。荞麦面店的蒸鸭和琵琶湖畔的真鸭火锅也都可谓佳肴，

排水性能好的混杂小石子的土壤是葡萄生长的必要条件。

但却终归无法与滑润浓香的沙朗鸭相提并论。这么好的鸭子配波尔多酒会是很好的选择，但还是想更好地品尝难得的熏鸭香，如果这样的话当然是勃艮第酒啦。店主向我们推荐的也是这一款酒。

"是不是红色的黑皮诺品种啊？有名的罗曼尼康帝也是这种葡萄酿造的吧？我听说是在特别的土壤里种植这种葡萄的，是因为土质不同吧？"

外甥女可能说的是在法国被称为"风土"❶（葡萄所表现出的土壤、地形、气候等特征）的那个词。有关这个问题，就像是为了体现人们多么喜爱葡萄酒一样，众多的专家和研究者以及被称为葡萄酒爱好者的人们正在努力研究，但仍是一个还没有完全探明的课题。排水性能好的混杂小石子的土壤是葡萄生长的必要条件。此外，很多意见认为，石灰质的土壤也是风土的要素之一。

"要是这么说，您说过法国是石灰质地质，所以都是硬水吧？"

是的，地中海沿岸广阔的白垩纪断崖就是由石灰质贝

❶ terroir，是指结合了气候、地形、土壤、葡萄品种等的综合条件，每一个葡萄园都有其独特的风土。

壳生物的遗骸堆积而成的。当然，在内陆，这样的石灰质地层也分布广泛。与牡蛎绝配的葡萄酒是夏布利白葡萄酒（勃艮第的夏布利地区培育的霞多丽白葡萄酒），这已经是专业定评了。而这个地区土壤的基本构成就是牡蛎贝壳。

"原来是这样啊。那么，在软水之国的日本，没有适合葡萄酒的葡萄了吧，好遗憾啊！"

可不是这样，不能就下这种结论。前面说了，并没有完全揭开风土的谜底。如我就听说在日本，从冈山县沿山一侧分布的石灰质的土地上也可以种出非常好的葡萄。

日本石灰岩自给率 100% 的原因

"如果这么说，秋吉台的喀斯特地形就是石灰岩吧！我听说东京附近也有很多钟乳洞。"

钟乳洞几乎遍布全日本，东京都内多摩地区的旅游景点也很有名。不仅如此，日本有约 300 处石灰岩矿山。而且这些矿山的石灰岩纯度高，很久以前就被用来作为水泥、骨材和炼铁的原料。"铁是文明开化之石。"这是福泽谕吉的名言，但毫无疑问高品质石灰岩的存在非常重要，说石灰岩撑起了战后日本高速经济增长也绝非虚言。现在，日

珊瑚礁是在热带地区面对外洋的海岸上，拥有石灰质骨骼的珊瑚形成的地形。

本确实在矿物资源方面并没有得到什么大自然的恩惠，但是，每年石灰岩的采掘量却近 2 亿吨，是日本自给率达到 100% 的资源。

"真厉害！听说很久以前日本好像曾经是世界有名的金银产地。没想到水泥的原料也能采掘这么多……那为什么日本的石灰岩纯度高呢？"

正像刚才说的，的确法国广泛分布着石灰质的地层。但是这些都是像现在地中海那样在内海由生物遗骸堆积而成的，自然也会夹杂着许多从大陆带来的泥沙。也就是说，石灰岩的成分会变少。与此相比，在远离陆地的地方，如现在的夏威夷和大溪地周边岛屿的珊瑚礁的石灰岩纯度就非常高。

"是吗？这么说，日本的石灰岩原来是来自南太平洋的珊瑚礁？"

先来说明一下珊瑚礁是怎样形成的。珊瑚礁是在热带地区面对外洋的海岸上，拥有石灰质骨骼的珊瑚形成的地形。有名的大堡礁和琉球群岛的珊瑚礁就是由大陆边缘或者板块俯冲创造出的群岛所形成的。那么，在太平洋的正中间，如夏威夷和波利尼西亚，其珊瑚礁成长所必需的"岛"是如何形成的呢？实际上这些岛屿都是火山岛。已经反复

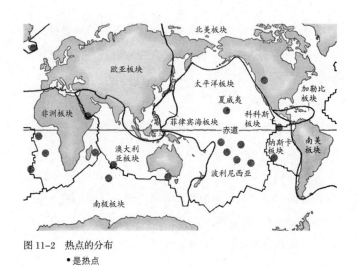

图 11-2　热点的分布
　　·是热点

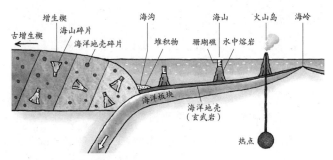

图 11-3　热点火山的移动和增生楔的成长

> 板块内部也有可以形成大型火山的地方,即"热点"。热点就是深至地壳中不受板块运动影响、不活动且炙热的地方,也即岩浆的供给源。

说过很多次,地球上的火山密集地带有两种。一种是板块发生俯冲的"俯冲带",一种是形成板块的"海岭"。就是说,火山活动在板块交界的地方比较活跃。但是,在我们的地球,板块内部也有可以形成大型火山的地方,即所谓的"热点"❶(图 11–2)。

准确地说,热点就是深至地壳中不受板块运动影响、不活动且炙热的地方,也就是岩浆的供给源。在热点上面会出现火山岛(图 11–3)。夏威夷群岛中,位于最南端的火山活动活跃的最大岛屿夏威夷岛即属此。同时,由于载有火山岛的板块在移动,所以这个岛的火山活动最终停止并开始了侵蚀的过程,这样,珊瑚礁就慢慢发展了起来。夏威夷群岛西北的小岛现在正处于这一阶段。再经过一段时间,载有珊瑚礁的火山岛会从海面上完全消失,成为"海山",而这样的海山会涌向海沟(图 11–3)。在图 2–1 中也可以看出,太平洋板块中存在着很多这样的海山。

板块从海沟俯冲时,这样的海山因为是凸起物,所以其一部分会被剥离并附着到大陆一侧。当然,海山以外,板块最上部的海洋地壳、堆积物以及填埋海沟的泥沙等也

❶ 在地质学上,热点是指地球表面长期经历活跃的火山活动的地区。

会被一起剥离并附着到大陆一侧。这一部分被称为"增生楔"。也就是说，在俯冲带上的陆地会因为增生楔的增加而不断变大（图11-3）。

"花岗岩石被称为日本列岛的脊梁，那么增生楔就像肉一样吧！嗯，但还是不太明白，日本列岛的石灰岩来自夏威夷和波利尼西亚，有证据吗？"

太平洋中间的珊瑚礁的形成过程有一点儿很重要，即石灰岩（珊瑚礁）下面存在着火山，并且火山是海底火山。而日本列岛的石灰岩之下一定是海中熔岩，也就是说，日本的石灰岩地带仍保持着海山构造。

"原来是这样。我再问个问题行吗？日本的石灰岩来自夏威夷，还是来自波利尼西亚？"

夏威夷群岛的西北，海山相连成链状一直延伸到堪察加半岛。因此可以认为并不来自夏威夷。但是，是不是起源于波利尼西亚，在很长时间内也无法确认。因此，我们把波利尼西亚热点火山的岩石和日本列岛石灰岩地带的海山熔岩进行了化学成分的比对。结果两者显现出的化学特性完全一致，而与夏威夷火山的相差很大。实际上还发现了很有意思的事情，就是这些波利尼西亚的海底火山基本上都是大约3亿年前诞生的。似乎在这一时期波利尼西亚

贵腐甜酒是通过葡萄感染某种霉菌来提高糖分
含量的。

地区发生了大规模的火山活动。

"是嘛。如果再去秋芳洞时想起这些，可能心情会更
好吧。从太平洋的海上乐园花了几亿年才来到了现在的日
本列岛呢！对了，我可真想尝尝冈山的葡萄酒了！"

享受完沙朗鸭后，我们又吃了布里奶酪和蓝干酪的"二
重唱"甜点，葡萄酒瓶也快空了。

"布里奶酪和卡门贝尔奶酪都是用产地的名字命名的
吧？听说制作方法几乎一样，味道有什么不同吗？"

如果能流畅地回答出来自然是很潇洒，但是我除了形
状之外，实在是无法判断啊！

该喝餐后酒了。我要了一直喝的渣酿白兰地，外甥女
要了店主推荐的贵腐甜酒。

"这令人陶醉的甜味真是绝妙啊……这也是添加酒精
而保留了糖分吗？"

不是，贵腐甜酒是通过葡萄感染某种霉菌来提高糖分
含量的。

"渣酿白兰地是意大利的白兰地吧？没有什么颜
色啊！"

干邑白兰地和雅马邑白兰地等品种是将白葡萄酒蒸馏

后放入樽（木桶）进行熟成的产物，因此颜色和香气都从木桶中转移了过来。在法国，被称为 eau-de-vie（生命之水＝白兰地）。而意大利的渣酿白兰地则是用葡萄渣发酵后再蒸馏，由于一般不会放进木桶熟成，所以是透明的。

外甥女不知从什么时候开始静静地品味着酒杯里的葡萄酒。是在享受今夜晚餐的余韵？还是为巨大喷发导致日本消失而忧虑？或者脑海里浮现出南太平洋中洁白的珊瑚礁？我就不得而知啰！

12
月

河 豚

——九州岛会断裂吗？

在冬日微醺中想起河豚

看到一条有意思的新闻。英国的研究小组在英国医学会的权威杂志上发表了他们对 007 系列电影中场景的解析结果。报告称，詹姆士·邦德明显饮酒过量，喝这么多的酒是不可能完成任务的，当然，也不可能和各色美女调情。这真是颇具英国特色的科研成果啊。

提起饮酒，还联想到了法国的一项研究成果，声称即使以肉食为主的饮食习惯，只要日常饮用包含丰富多酚的红葡萄酒，就可以预防心脏疾病，也就是所谓的"法国悖论"。好像这种主张来自法国屈指可数的"葡萄酒之乡"波尔多的大学学者们。但事实上也很明显，法国人当中肝脏疾病患者众多。我曾就这一点儿问过法国朋友，他眨着眼对我说："这是因为比起心脏病发作，我们法国人更愿意选择肝硬化吧，这会让我们有更多的时间去思考死亡！"暂且不管这段充满哲理的辩解，对于健康而言，饮酒还是适度为佳。

我又想起了一位小说家（仓桥由美子）。和家母同时代的这位女性作家的成名作是《政党》，但让高中时代的我更为震撼的却是她在《暗旅》中的"你"的召唤。大约

关西的冬天当然要吃河豚火锅。

10 年前我又久违地读了她的《往返于黄泉》，与高中时代不同，已经习惯于小酌的我，与其说被震撼，不如说是感受到了共鸣。我觉得酒的魔性和魅力就在于模糊了现实与幻想之间的界限。我记得曾看到过这位小说家已离世的报道，查了一下，居然已是 2005 年的事情了。

　　我很喜欢在冬夜里微醺中浮想联翩的感觉，而喜欢捧在手上的是波本威士忌，这一款超过 60 度的限量版 ❶波本威士忌是传说中的威士忌酿造大师布克·诺伊（Booker Noe）从原料（包括大麦麦芽、玉米、黑麦）的比例、水、木桶直到酒的度数等都事无巨细、精心调制的杰作。听说"三得利"已经收购了金宾蒸馏厂（酿造波本威士忌的厂家），算是我的恳求吧，希望"三得利"一定要保留这款名酒啊！当沉浸在焦黄木桶的芳香和沁人心脾的醇甜时，就会想起河豚鳍酒 ❷的香醇，随之而来的就是去年没能吃成河豚的懊悔了。关西的冬天当然要吃河豚火锅。小时候，奶奶经常带着我到大阪南地区 ❸的黑门市场去买东西，也许

❶　small batch代表限量生产、品质极高的威士忌。酒厂将品质最好的一批酒桶挑选出来，之后把精选过的酒混合，调出最佳标准。

❷　将河豚的鱼鳍晒干后强火上色，随后倒入滚烫的日本酒。

❸　大阪市中心心斋桥、难波、天王寺闹市区的总称。

是被店里摆放的河豚吓着了，当天夜里因梦到被一大群河
豚用刺猛戳而吓醒大哭。

河豚"吃不得"有违常识

好久没有去过的南地区繁华依旧。第一次去南地区的
外甥女兴奋异常，像是忘记了年龄，在爆笑天堂 NGK 和
有名的章鱼烧小吃店前频频摆拍。我们也马上找到了对这
一带了如指掌的朋友介绍的河豚店。这家店以榻榻米座位
为主，不过还是选择了柜台边小巧的座椅。

首先品尝的是用橘醋蘸食"铁皮"和"黏膜"。在关
西地区，人们把吃河豚中毒比喻为挨了"铁炮"，也就是
枪，所以铁炮（河豚）的皮就简称为"铁皮"。河豚的皮
分为三层，最外一层是有刺的"鲨皮"，其内侧就是铁皮，
最里层则是"黏膜"，即内皮黏膜。将铁皮从鲨皮上剥离
的工作只有高手方可完成，这些皮也是河豚料理的精华。

"哇！胶原蛋白真是不能再多啦！明天皮肤一定滑溜
溜的！但是，我听说河豚皮也是有毒的，不会出什么问
题吧？"

的确，河豚中的一些品种，比如星点东方鲀、紫色多

怕有毒就不吃河豚实属有违常识，关键在于一定要选择正宗的料理店。

纪鲀等的鱼皮含有毒素（河豚毒素）。但幸运的是，摘除了内脏（肝脏和肠）和卵巢的红鳍东方鲀是无毒的。

"过去曾有一位'人间国宝'的歌舞伎演员因为吃了肝而中毒死亡吧。不过，从朋友那里听说，在大分还有人在吃河豚肝呢。"

作为曾经的大分县民，我必须声明，不管臼杵的河豚多么出名，在大分，料理店给食客上河豚肝也是违法的。如果上这道菜，将毫无悬念地出现中毒者。专业的河豚料理店会提供中和了肝毒的东西，并自豪地宣传其秘传的水洗法，但是，无论怎么水洗，都不可能除掉河豚毒素。

在日本国内，含有河豚毒素的部位中，唯一得到食用认可的是金泽著名特产——发酵米糠腌制密点多纪鲀卵巢。食用河豚中毒者每年都有数十人，也几乎每年都有为此身亡者。但北大路鲁山人曾断言：怕有毒就不吃河豚实属有违常识，关键在于一定要选择正宗的料理店。

"我曾学过，河豚毒素来源于海中的细菌，是通过食物链累积在河豚体内的。如果在鱼饵和水上下功夫，就可以养殖无毒河豚吧？"

我很吃惊居然有大学会把这些知识教给学生，实际上说得很对。的确，养殖无毒河豚是可能的。栃木县和佐贺县通过在不受海洋细菌影响的陆地养殖，成功繁殖了无毒河豚。但是，由于并没有完全解明河豚积蓄毒素的机制，因此厚生劳动省❶恐怕还不会认可食用河豚肝。

河豚的生态

上菜了。这次是一盘摆放得犹如盛开的菊花一般的"铁索"。铁炮（河豚）的生鱼片叫"铁索"。因为河豚肉比较紧实，生鱼片被切得很薄，甚至可以透过生鱼片看到盘底的花纹。但是，如果一片一片地吃，则很难品味到河豚肉的细腻柔嫩，所以最好用两三片包着葱吃。葱也仅限于用鸭头葱❷。很多料理店会用小葱等代替，可小葱过重的香味反而会使河豚肉难得的细腻荡然无存。

"尽管很淡，可是，怎么说呢，想起来了，可以闻到海岸的香味！其中还有隐隐约约的甜味。"

真是相当不错的总结。毫无疑问，这家店一定是把用于生鱼片的河豚醒了一个或两个晚上。如果仅仅是清淡，

❶　相当于我国卫生部。

❷　青葱的一种杂交品种，非常细，是葱中最高级的品种。

> 铁炮（河豚）的生鱼片叫"铁索"。如果一片
> 一片地吃，则很难品味到河豚肉的细腻柔嫩，
> 所以最好用两三片包着葱吃。葱也仅限于用鸭
> 头葱。

河豚会输给星鲽。但是通过认真仔细的处理，河豚入口后甜味四溢，这绝对是天下一绝。

上来了河豚白子烧（烤鱼白），外甥女的幸福感可谓瞬间爆棚。让人绝不想放下筷子的这道菜毫无疑问是世界第一，不！宇宙第一的美食。我正想听外甥女是如何进行总结时，满足感十足的外甥女却好奇地提出了一连串的问题。

"听说下关的河豚非常有名，为何在关门海峡一带能大量捕捞到河豚呢？"

下关❶近海过去曾是河豚的一大渔场，唐户市场也绝对是国内最大的河豚市场之一。但是现在，这个市场已经不仅仅只接受从下关南风泊港打捞上岸的河豚了，而成为日本全国天然和养殖河豚的集散地。据说日本列岛周边的红鳍东方鲀可分为三个系统：一个是从东海洄游至九州日本海的鱼群，一个是在丰后水道和纪伊水道，即在濑户内海洄游的鱼群，还有一个是往来于伊势湾和伊豆半岛的远州滩鱼群（图 12-1）。最近汇集到下关的天然河豚大部分是远州滩鱼群。大约 20 年前，这一带的海流发生了变化，

---

❶ 日本本州最西端，关门海峡北岸的市级行政区。

似乎带来了河豚捕捞量的增加。

"天然的红鳍东方鲀确实是只有在每年 3 月前才能吃到吧？"

这是因为河豚在春天产卵，出于保护资源的目的，渔民们从春天起就自觉停止了捕捞。

"河豚在哪里产卵呢？日本河豚的三大鱼群都各有各的产卵地吧？"

日本列岛周边的河豚主要产卵地现在得以确认的有 10 处以上（图 12-1）。每一处都是水深 10 米—15 米、水流湍急且混杂小石粒的海底沙地。其中，伊势湾口和有明海湾口都是潮汐（涨潮落潮）落差大，海底也因此变成了海流流速大的沙地。这也是它成为河豚大规模产卵地的原因。

"湾口潮汐（涨潮落潮）落差大是产卵的必要条件吗？为什么这两个海湾潮汐落差大呢？这两个海湾都是细长的，是不是说明产卵地与形状有关呢？"

要想完整地对此加以说明，就必须让外甥女理解"波浪共振"现象。不过，这个时候可没有时间讲课，还是先说结论吧。潮汐从外海涌向水浅且狭窄的海湾内部(内湾)时，波浪会造成水位上升。这与海啸在内湾会升高是一样的。这样产生的波浪在海湾内不断地被湾岸反射，在海湾内不断振荡。如果这样的波浪与潮汐重合（产生共振），就会形成比通常的潮汐要大得多的落差。而伊势湾和有明海的形状及水深都满足了产生这种共振的条件。

"噢……物理我可有点儿不懂。不过，就是说这两个海湾是纵深正好合适的内湾吧？以前您曾说过伊势湾是菲律宾海板块俯冲角度变小而沉降的结果。那么有明海为什么会成为细长的海湾呢？"

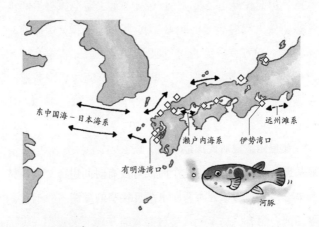

图 12-1　河豚洄游
　◇ 表示河豚的主要产卵地

真想不到从吃河豚开始，却要结束于这样的提问。那就一边品着河豚火锅和河豚鳍酒，一边来回答吧。

有明海的诞生：云仙火山与别府－岛原裂谷带

河豚火锅里的河豚配上海带出汁，美味简直难以言传。另外，河豚肉恰到好处的黏牙感也使人欲罢不能。更进一步而言，嘬上一口鱼骨周围的富含胶原蛋白的软肉，其香甜让人禁不住想笑。提到高质量的胶原蛋白，甲鱼也相当不错，但是无论怎么精心处理，也无法完全抹去甲鱼的腥味，做火锅时生姜汁也必不可少。而河豚火锅即使是和白菜一起煮，白菜也可以吸收河豚的鲜味，这才不愧为最佳啊！有点儿走题了，重新回到有明海的形状这个主题上吧，和以往一样，还是一边在计算机上看图一边说吧。

如果不把谏早湾算在内，有明海大约呈一个 20 千米 ×100 千米的长方形（图 12-2）。调查有明海周边的地质情况就会发现，这个长方形的北侧和南侧边缘是远古时代的变质岩。另外，这一地区还分布着金峰山、多良岳、云仙岳这三个第四纪的火山，其中云仙岳火山对有明海形状的

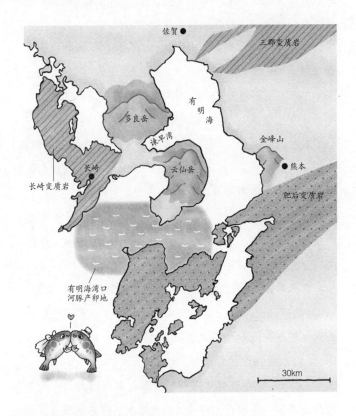

佐贺 ●

三郡变质岩

多良岳

有
明
海

谏早湾

金峰山

长崎 ●

云仙岳

熊本 ●

长崎变质岩

肥后变质岩

有明海湾口
河豚产卵地

30km

图 12-2　有明海地形与地质

219

形成发挥了决定性的作用。换而言之，如果没有云仙岳，有明海应该是一个在西南方向敞开大门的海湾；如果是这样，潮汐落差应该不会像现在这么大，当然，河豚也就不会选择这里做产卵地了。

"云仙岳不就是以前火山喷发导致不少人遇难的那座火山吗？看来，火山真是磨难和恩惠并存啊！"

是的，1991年6月3日，熔岩溃堤产生火山碎屑流，造成43人死亡或下落不明的惨剧。我的一位美国火山研究学者的朋友也不幸遇难。

"云仙岳和其他有明海周边的火山，是不是巽模型所说的，由海绵状的菲律宾海板块被挤压出的水形成的呢？"

很想自豪地说是这样，但实际上并不清楚原因。不过，这一带的火山下面并不存在菲律宾海板块，我们猜想，或许这一带正在发生与济州岛和中国的火山一样的"弧后火山运动"（图9-2）。

"是吗？就是还要再等着新的研究吧？但是，我明白因为云仙岳，有明海才变成了细长形状，但如果按照这个图（图12-2），好像两列变质岩带相互平行，其中间产生了洼地……这是濑户内海的延长地带吗？"

九州岛每年以1厘米—2厘米的速度向南北方向分裂，东西走向的裂谷带也以每年2微米—3微米的速度下沉。1万年以后，九州将分裂成南北两岛。

眼力不错！濑户内海成为向东西延伸的低地，其原因就在于菲律宾海板块的俯冲和四国、纪伊半岛的隆起（图4-2）。尽管其影响一直延伸到九州东部，但在这个地区却不是这样。这是因为南海海沟在从宫崎到鹿儿岛的海岸来了一个大拐弯，成为琉球海沟（图12-3），而板块的俯冲方向也在此发生了很大的变化。

另外，也像外甥女说的，在九州存在着东西走向的沉降地区，叫"别府－岛原裂谷带"（图12-3）。顾名思义，就是存在着在地表呈沟状的沉降带。有名的裂谷之一就是非洲大陆东部的非洲大裂谷。在这里，非洲大陆从东西方向被分裂开来，也集中了大量的火山和温泉。

"啊！就是以前舅舅曾经在电视上测过温泉温度的地方吧？原来九州也有这样的地方啊！那总会有一天九州要分成北岛和南岛吗？"

根据国土地理院的测量结果，九州岛每年以1厘米—2厘米的速度向南北方向分裂，裂谷带也以每年2微米—3微米的速度持续下沉。按照现在的速度，九州马上（即使是这样，也是1万年后的事）就会分裂成南北两岛。

"原来如此！那非洲最高峰的乞力马扎罗山和阿苏山是同样的山吧？"

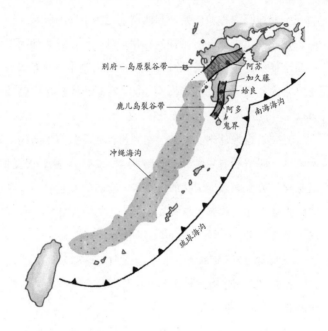

別府－岛原裂谷带

鹿儿岛裂谷带

冲绳海沟

阿苏
加久藤
姶良
阿多
鬼界

南海海沟

琉球海沟

图 12-3　九州 - 冲绳的裂谷带
　　　　别府－岛原裂谷带在冲绳海沟的延长线上。鹿儿岛裂谷带上
　　　　排列着多个破火山口

九州的分裂与日本列岛从亚洲大陆分离有着同
样的机制。

　　在赤道上却终年积雪的乞力马扎罗山是高近 6000 米
的火山，毫无疑问其活动和大裂谷的形成密切相关；而阿
苏山是菲律宾海板块在到达 100 千米深度后形成的俯冲带
火山，与乞力马扎罗属于不同种类的火山。但是，九州岛
的分裂对于代表阿苏山特点的破火山口的形成可能扮演着
重要角色，因为在不断沉降的地方，更容易发生塌陷。

　　"那舅舅，为什么会在九州的正中间开始分裂呢？是
不是和日本海扩大、日本列岛与亚洲大陆分开是同样的原
因啊？"

　　看来，这一年外甥女对日本列岛和地球变动的理解已
经达到了相当的水准。可以认为，东亚大陆的分裂和九州
岛的分裂基本上是同样的机制在起作用。别府 - 岛原裂谷
带的扩大现象是在琉球群岛背后（大陆一侧）延绵不断的
被称为"琉球海沟"的沉降带和裂谷带的延长。进一步而
言，九州南部有几个破火山口沿南北方向排列，还有南北
方向长长的鹿儿岛湾（图 12-3）。有研究认为这一"鹿儿
岛裂谷带"也是琉球海沟的派生裂谷。总之，琉球海沟的
形成方式与日本列岛从大陆分离后形成日本海是一样的。

　　"琉球海沟就是发现了纯度很高的金矿床的地方吧？
金矿床要是一直延伸到陆地上，日本一下子就发了吧？"

　　有时候，海底发生的火山活动会引起热水循环，从而形成大规模的金属矿藏。比如，17世纪日本成为世界最大的铜生产国，就是倚仗随着日本海扩大而形成的被称为"黑矿矿床"的海底破火山口型矿床的存在。最近已经确认，这样的黑矿矿床在琉球海沟也存在。但是，就算处在延长线上，现在在别府–岛原裂谷带也不会有黑矿矿床。因为如果这个裂谷带不进一步扩大并导致海水涌入，是无法指望形成大规模矿床的。必须耐心等待。

　　聊天告一段落的时候，正好菜粥已经准备好了。用含有河豚精华而略带黏稠感的出汁熬成的菜粥妙不可言。这家店还会放上胡萝卜丝。鸡蛋、葱和胡萝卜丝相互映衬，色彩诱人。

　　酒足饭饱后离开了餐馆，有点儿晃晃悠悠地一路步行到难波。尽管寒气逼人，但不知是不是因为尽享了河豚鳍酒和胶原蛋白，风好像反而使人愉快了。见到了几十年未见的"格力高霓虹灯广告牌"，这位"老兄"依然精神抖擞。

　　"河豚真是好吃！九州会分裂，这么新鲜的话题也真好玩儿！"

　　"好玩儿"的评价多少让人心情复杂，不过，能让外甥女对日本列岛的变动感兴趣，还是很荣幸的事情。

"今年就算结束了哟。我觉得这一年多少对食物和日本列岛的自然状况有一些了解。谢谢舅舅！等过了年，我在我们饭店的酒吧请您吧！"

那就恭敬不如从命啦。

结 语

　　在新地简单吃了一点寿司便来到和外甥女约好的地方。果然是完全可以配得上"雅致"二字的酒吧。酒吧的布置充满了厚重感。告诉服务员我的名字后马上被领到了吧台座上。外甥女已经拿着葡萄酒杯坐在那里了。我点了麦芽威士忌的艾雷岛❶。

　　"去年一年谢谢您了。真是托了您的福，不仅尝到了很多美食，还了解到了很多美食与孕育美食的大自然的关系。我还想听更多的事情，今年也请您多多关照啊！"

　　没问题，随时都欢迎。

　　"听了您讲的之后，我明白了一点，就是和食之所以成为和食，是和板块俯冲密切相关的。归根结底，就是地球上有板块构造运动。那是不是板块构造运动只有地球上

---

❶　islay，苏格兰西南方的艾雷岛所产威士忌。

才有啊？"

外甥女终于可以提出这样的问题了啊……我甚至有些感动。之所以这么说，因为这个问题正处于地球行星科学的最前沿。构成或结构基本相同的地球型行星（水星、金星、地球、火星），其表面基本上都覆盖着板块。但是，在太阳系中，存在着多个板块且相互运动，也就是板块构造运动的行星，只有地球。

为什么只有地球会发生这样的现象且由此引发了活跃的地质活动呢？这是因为地球是一个充满水的行星。记得我曾多次说过，水易于破坏岩石。连外甥女都知道，在美国，为了开采页岩气而往地下注水导致地震的频繁发生。此外，大型水坝的水位升高后，地震活动就变得活跃，这也是众所周知的。也就是说，在存在海洋的地球，覆盖地球表面的板块会出现无数个裂纹。在这种状况下，如果板块冷却、变重，并要脱落的话，就会将力集中在最弱的裂纹，使得这种裂纹不断发展，最终成为大断层。此时，板块也就开始俯冲。一旦俯冲开始，如前所说的（10月），俯冲部分就变成重物，板块内部薄弱的部分就会被左右扯开形成海岭（图 10–1）。

"连想都没想过水行星会和板块构造运动有关联！真

和食之所以成为和食，是和板块俯冲密切相关的。归根结底，就是地球上有板块构造运动。

是有意思。火星以前曾经有过水是吧？如果是这样，那火星也有板块构造运动啰？"

是这样的。但是，火星比地球小，重力也就弱，因此大气不断地向太空逃逸，导致地表逐渐变冷，液体的水也不复存在，板块构造运动也就停止了。

"舅舅，没有水就不会有生命的诞生，但是发挥这么大作用的地球上的水到底是从哪里来的呢？"

很佩服外甥女的好奇心。今天有关科学的问题就到此为止吧，想舒舒服服地享受艾雷岛。其实，关于太阳系中水的起源尽管存在几种有说服力的理论，但目前仍然处于众说纷纭的状态。为了能在不远的未来得到这个问题的答案，我们科学家必须加倍努力……

爵士乐钢琴的哀伤与艾雷岛的风味相伴，使心情意想不到地愉快。龙之介喜欢用"陶然"一词，它非常符合我现在的心情。

由于想要变得更欢快一点，接下来的一杯换成了龙舌兰酒。这是使用了龙舌兰的墨西哥烈酒（蒸馏酒）。今天点了著名演员罗伯特·德尼罗爱喝的酒，一只胳膊撑着吧台，一边欣赏着美酒，酒杯中插着的仙人掌十分可爱。外甥女和调酒师在聊着什么，很可能是外甥女的熟人吧。而后上来的酒并不是常喝的玛格丽特，而是名叫仙客来的龙舌兰鸡尾酒，红白两色的层次感令人赏心悦目。

喝了三杯龙舌兰后，脚下似乎也有些飘忽了。这时端上来的是松软的烤鸡蛋卷，还有热清酒和小酒杯。

外甥女对我说："今天，一定让我们用这杯酒结束吧！这可是日本列岛给我们的馈赠啊！"

真是精心的安排。鸡蛋卷一定是外甥女请在同一层的日本料理店做的，热清酒也是我喜欢的滩（神户市的滩区，出产日本酒）的生酛本酿造。

"那好！让咱们带着对活动带上的日本列岛的感谢之情，干杯！"